W9-AHW-745

Álgebra
SIN DOLOR

Lynette Long, Ph.D.
ilustraciones de Hank Morehouse

BARRON'S

Toda indagación debe dirigirse a:
Barron's Educational Series, Inc.
250 Wireless Boulevard
Hauppauge, New York 11788
http://www.barronseduc.com

Número Estándar Internacional de Libro 0-7641-2145-6

Library of Congress Cataloging-in-Publication Data

Long, Lynette.
    [Painless algebra. Spanish]
    Algebra sin dolor / Lynette Long ; illustrated by Hank Morehouse.
        p.   cm.
    Includes index.
    Summary: Introduces the language, number systems, integers, and different types of problems of algebra, including variables, quadratic equations, exponents, roots, and radicals.
    ISBN 0-7641-2145-6 (alk. paper)
    1. Algebra. [1. Algebra.   2. Spanish language materials.]
I.   Title: Painless algebra.   II. Morehouse, Hank, ill.   III. Title.
QA152.3. L6618   2002
512—dc21   2001043937

IMPRESO EN E.U.A.
9 8 7 6 5 4 3 2 1

CONTENIDO

Capítulo cinco: exponentes 131

Capítulo seis: raíces y radicales 163

Capítulo siete: ecuaciones de segundo grado 205

Capítulo ocho: sistemas de ecuaciones 251

PRESENTACIÓN

¿Álgebra indolora? Imposible, dices tú. Pero no es así. Por más de veinte años he enseñado matemática o enseñado a los maestros a enseñar matemática. La matemática es fácil. Sólo basta con recordar que la matemática es un idioma extranjero, igual que el francés o alemán. Una vez que comprendas el "idioma matemático" y lo puedas traducir al "idioma español", verás que todos tus sufrimientos se acaban.

Álgebra sin dolor tiene varias secciones que te ayudarán a triunfar. Primero, tiene cuadros llamados "¡Idioma Matemático!" en los que se te enseña a traducir el idioma matemático al español. Otros cuadros se llaman "Peligro—¡Errores Terribles!" y te ayudan a evitar equivocaciones muy comunes. "Recuerda" son cuadros que te ayudan a recordar lo que puedes haber olvidado. Los "Problemas con palabras" son, lamentablemente, problemas, pero las respuestas correctas están disponibles, así que no es para tanto.

El primer capítulo se denomina "Un comienzo indoloro" y te presenta los números y los sistemas de números. Este capítulo te enseña a realizar operaciones sencillas tanto con números como con variables sin causarte sufrimiento alguno. Y cuando lo termines, sabrás el significado de "Plantar Es Muy Difícil Sin Regar".

El segundo capítulo te muestra cómo sumar, restar, multiplicar y dividir números tanto positivos como negativos. ¡Es indoloro! Lo único que debes recordar es el signo en la respuesta y, con un poco de práctica, todo será fácil.

En el tercer capítulo debes resolver ecuaciones. Imagínate que una ecuación es una frase hecha de números y que contiene un número misterioso. Tu éxito depende de seguir correctamente unos pocos pasos.

El cuarto capítulo muestra cómo resolver desigualdades. ¿Qué pasa cuando el número misterioso no forma parte de una ecuación sino que es parte de una oración numérica en la cual una parte de la oración es mayor que la otra parte? Lo que pasa es que deberás dscubrir qué número es ese número misterioso. ¿Te parece difícil? ¡No te preocupes! No te va a doler ni un poquito.

En el quinto capítulo se ven los exponentes. ¿Qué es lo que ocurre cuando multiplicas un número por sí mismo siete veces? Pues, puedes escribir 2 veces 2 veces 2 veces 2 veces 2 veces 2 veces 2, o puedes usar un exponente y escribir 2^7, lo cual se llama dos elevado a siete. Los exponentes son como atajos que te acortan el camino y aquí aprendes a usarlos.

El sexto capítulo abarca raíces y radicales. Las raíces no son de árboles sino lo contrario de los exponentes. ¿Y qué son los radicales? Ah, deberás esperar hasta llegar a este capítulo para saberlo.

Cómo resolver ecuaciones de segundo grado es el tema del séptimo capítulo. No te asustes con palabras tan extrañas. Una ecuación de segundo grado es una manera impresionante de decir que la ecuación tiene un término x al cuadrado. Eso es todo.

En el octavo capítulo se muestra cómo resolver sistemas de ecuaciones. En estos sistemas, dos o más ecuaciones se toman juntas y tú debes encontrar una sola respuesta que las hace verdaderas. Aprenderás a resolver estos sistemas de varios modos distintos. Es entretenido, porque no importa de qué manera encuentres la solución, la respuesta será siempre la misma. ¡Esta es una de las cosas mágicas que posee la matemática!

Si estás aprendiendo álgebra por primera vez o si estás tratando de recordar lo que aprendiste y luego olvidaste, este es el libro perfecto. Aquí podrás aprender sin sufrir.

Un comienzo indoloro

El álgebra es un idioma. Muchas veces es igual que aprender francés, italiano o inglés, o quizás hasta japonés. Para entender el álgebra, debes aprender a leer álgebra y a cambiar el español corriente al idioma matemático y después a cambiar el idioma matemático de vuelta al español corriente.

En álgebra, con frecuencia se usa una letra en lugar de un número, es decir, una letra sustituye al número. Esta letra sustituidora se llama *variable*. Tú puedes usar cualquier letra, pero a, b, c, n, x, y y z son las letras que se usan con más frecuencia. En las frases siguientes se usan distintas letras para sustituir números.

$x + 3 = 5$	x es una variable.
$a - 2 = 6$	a es una variable.
$y \div 3 = 4$	y es una variable.
$5z = 10$	z es una variable.

Cuando usas una letra para sustituir un número, tú no conoces el número. Por eso, imagínate que las letras x, a, y o z son números misteriosos.

Las variables pueden ser parte de una expresión, una ecuación o una desigualdad. Una expresión matemática forma parte de una oración matemática, igual como una frase es parte de una oración en español. Aquí hay algunos ejemplos de expresiones matemáticas: $3x$, $x + 5$, $x - 2$, $x \div 10$. En cada una de estas expresiones es imposible saber qué es x. La variable x puede ser cualquier número.

Las expresiones matemáticas se llaman según la cantidad de términos que tengan. Los *monomios* son expresiones de un solo término.

x es un monomio.
3 es un monomio.
z es un monomio.
$6x$ es un monomio.

Los *binomios* tienen dos términos diferentes unidos por un signo de suma o resta.

$x + 3$ es un binomio.
$a - 4$ es un binomio.
$x + y$ es un binomio.

Los *trinomios* tienen tres términos diferentes unidos por signos de suma o resta.

$x + y - 3$ es un trinomio.
$2x - 3y + 7$ es un trinomio.
$4a - 5b + 6c$ es un trinomio.

Los *polinomios* pueden tener dos, tres, cuatro o más términos diferentes unidos por signos de suma o resta. Los binomios, trinomios, cuadrinomios, etc. son todos polinomios. Los ejemplos siguientes son también polinomios:

$x + y + z - 4$ es un polinomio.
$2a + 3b - 4c + 2$ es un polinomio.

Una ~~frase~~ *oración matemática* contiene dos frases matemáticas unidas por un signo de igualdad o un signo de desigualdad. Una *ecuación* es una oración matemática cuyas dos frases están unidas por un signo de igualdad.

$3 + 6 = 9$ es una ecuación.

$x + 1 = 2$ es una ecuación.

$7x = 10$ es una ecuación.

$0 = 0$ es una ecuación.

$4x + 3$ no es una ecuación porque no tiene el signo de igualdad. Es una expresión matemática.

Algunas ecuaciones son verdaderas y otras son falsas.

$3 + 5 = 7$ es una ecuación, pero es falsa.

$1 = 5$ también es una ecuación y también es falsa.

$3 = 2 + 1$ es una ecuación verdadera.

$x + 1 = 5$ es una ecuación. Puede ser verdadera o falsa.

Que $x + 1 = 5$ sea verdadera o falsa depende del valor de x. Si x es 4, la ecuación $x + 1 = 5$ es verdadera. Pero si $x = 0$, $x + 1 = 5$ es falsa. Si x es cualquier número aparte de 4, la ecuación $x + 1 = 5$ es falsa.

Una *desigualdad* es una oración matemática en la cual dos frases están unidas por un signo de desigualdad. Los signos de desigualdad son *mayor que* "$>$", *mayor que o igual a* "$\geq$", *menor que* "$<$" y *menor que o igual a* "$\leq$".

Seis es mayor que cinco se escribe $6 > 5$. Siete es menor que diez se escribe $7 < 10$.

OPERACIONES MATEMÁTICAS

En matemática hay cuatro operaciones básicas: suma, resta, multiplicación y división. Cuando tú aprendiste por primera vez a sumar, restar, dividir y multiplicar, usaste los signos $+$, $-$, $\times$ y $\div$. En álgebra, la suma continúa indicándose con el signo más ($+$) y la resta sigue indicándose con el signo menos ($-$).

¡IDIOMA MATEMÁTICO!

Mira cómo estas expresiones matemáticas cambian del Idioma Matemático al español corriente:

$$5 + 1$$
cinco más uno

$$a + 6$$
a más seis

¡IDIOMA MATEMÁTICO!

Mira cómo estas expresiones matemáticas cambian del Idioma Matemático al español corriente:

$$4 - 3$$
cuatro menos tres

$$a - 5$$
a menos cinco

La suma

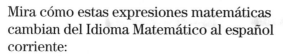

Cuando tú sumas, sólo puedes sumar *términos semejantes*.

Todos los números son términos iguales.
5, 3, 0.4 y $\frac{1}{2}$ son términos semejantes.

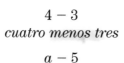

Las variables que usan la misma letra son términos semejantes.
$3z$, $-6z$ y $\frac{1}{2}z$ son términos semejantes.

Un número y una variable son *términos diferentes*.

7 y x son términos diferentes.

Las variables que usan letras diferentes son términos diferentes.

$3z$, b, y $-2x$ son términos diferentes.

Tú puedes sumar todos los números que desees.

$$3 + 6 = 9$$
$$5 + 2 + 7 + 6 = 20$$

También puedes sumar variables mientras éstas sean la misma variable. Es decir, puedes sumar las x con otras x y también puedes sumar las y con otras y, pero no puedes sumar x con y. Para sumar variables semejantes, basta con sumar los *coeficientes*. El coeficiente es el número delante de la variable.

En la expresión $7a$, 7 es el coeficiente y a es la variable.
En la expresión $5x$, 5 es el coeficiente y x es la variable.
En la expresión $\frac{1}{2}y$, $\frac{1}{2}$ es el coeficiente e y es la variable.
En la expresión x, 1 es el coeficiente y x es la variable.

Mira ahora cómo se suman estos términos semejantes.

$$3x + 7x = 10x$$
$$4x + 12x + \tfrac{1}{2}x = 16\tfrac{1}{2}x = \tfrac{33}{2}x$$
$$4a + a = 5a$$

Tú no puedes simplificar $3x + 5y$ porque las variables no son las mismas.

Tú no puedes simplificar $3x - 4$ porque $3x$ es una variable y 4 es un número.

Peligro—¡Errores Terribles!

Cuando sumes expresiones con variables, suma los coeficientes y añade la variable al nuevo coeficiente. No pongas dos variables al final.

$$2x + 3x \neq 5xx$$
$$2x + 3x = 5x$$

Nota: Un signo de igualdad atravesado por una barra diagonal ($\neq$) significa "no es igual a".

La resta

Tú puedes restar términos semejantes.

Puedes restar un número de otro número.

$$7 - 3 = 4$$
$$12 - 12 = 0$$

Tú puedes restar una expresión variable de otra expresión variable si ambas contienen la misma variable. Basta con restar los coeficientes y mantener la variable.

$$7a - 4a = 3a$$
$$9x - 2x = 7x$$
$$3x - x = 2x \text{ (recuerda que el coeficiente de } x \text{ es 1).}$$
$$4y - 4y = 0y = 0$$

Tú no puedes simplificar $3x - 4y$ porque los términos no tienen la misma variable. No puedes simplificar $100 - 7b$ porque 100 y $7b$ no son términos semejantes. No puedes simplificar $5x - 3y$ porque $5x$ y $3y$ no son términos semejantes.

Peligro—¡Errores Terribles!

Cuando restes expresiones con variables, resta los coeficientes y añade la variable al nuevo coeficiente. No restes las variables.

$$5x - 3x \neq 2$$
$$5x - 3x = 2x$$

RASCACABEZAS 1

Suma y resta expresiones algebraicas.

1. $3x + 7x$

2. $4x + x$

3. $3x - 3x$

4. $10x - x$

5. $6x - 4x$

6. $3x + 2$

7. $10 - 4x$

(Las respuestas están en la página 32).

La multiplicación

Una $\times$ para indicar multiplicación se usa poco, pues puede fácilmente confundirse con una variable x. Para evitar este problema, los matemáticos usan otros modos para indicar multiplicación. Aquí verás tres maneras de escribir "multiplicado por".

1. Añade un punto $\cdot$ para escribir "multiplicado por".
$$3 \cdot 5 = 15$$

9

2. Si escribes dos letras juntas o una letra y un número juntos, estás diciendo que las dos letras o la letra y el número "están multiplicados".

$$7b = 7 \cdot b$$

3. Si escribes una letra o un número al lado de un par de paréntesis, estás diciendo que la letra o el número está multiplicado por cualquier cosa que se encuentre dentro de los paréntesis.

$$6(2) = 12$$

¡IDIOMA MATEMÁTICO!

Mira cómo estas expresiones matemáticas cambian del Idioma Matemático al idioma español.

$$3 \times 4$$
tres por cuatro

$$5 \cdot 2$$
cinco por dos

$$6(2)$$
seis por dos

$$4x$$
cuatro x

$$5y$$
cinco por y

Tú puedes multiplicar términos semejantes y diferentes.

Tú puedes multiplicar cualquier número por otro.

$$3(4) = 12$$
$$8\left(\frac{1}{2}\right) = 4$$

Tú puedes multiplicar cualquier variable por otra.

$$x \cdot x = (x)(x) = x^2$$
$$y \cdot y = (y)(y) = y^2$$
$$a \cdot b = (a)(b) = ab$$
$$x \cdot y = (x)(y) = xy$$

Tú puedes multiplicar un número por una variable.

$$3 \cdot x = 3x$$
$$7 \cdot y = 7y$$

Tú también puedes multiplicar dos expresiones, si una es un número y la otra es una variable con un **coeficiente**. Para multiplicar estas expresiones hay que tomar dos pasos *indoloros*:

1. Multiplica los coeficientes.

2. Pon la variable al final de la respuesta.

Aquí tienes dos ejemplos:

3 por 5x
Primero multiplica los coeficientes.

$$3 \cdot 5 = 15$$

Luego pon la variable al final de la respuesta.

$$15x$$

He aquí el problema y su respuesta.

$$3 \cdot 5x = 15x$$

6y por 2
Primero multiplica los coeficientes.
$$6 \cdot 2 = 12$$
Luego pon la variable al final de la respuesta.
$$12y$$
Aquí tienes el problema y su respuesta.
$$6y \cdot 2 = 12y$$

También puedes multiplicar dos expresiones cuando cada expresión posee números y variables. Tres pasos deben tomarse para multiplicar estas expresiones.

1. Multiplica los coeficientes.

2. Multiplica las variables.

3. Combina las dos respuestas.

Aquí tienes un par de ejemplos.

Multiplicar 3x por 2y.
Multiplica primero los coeficientes.
$$3 \cdot 2 = 6$$
Luego multiplica las variables.
$$x \cdot y = xy$$
Combina las dos respuestas multiplicándolas.
$$6xy$$
Aquí está el problema y su respuesta.
$$3x \cdot 2y = 6xy$$

Multiplicar 4x por 5x.
Multiplica los coeficientes.
$$4 \cdot 5 = 20$$
Luego multiplica las variables.
$$x(x) = x^2$$
Combina las respuestas mediante multiplicación.
$$20x^2$$
Aquí están el problema y la respuesta.
$$4x \cdot 5x = 20x^2$$

Multiplicar 6x por y.
Primero multiplica los coeficientes. Los coeficientes son 6 y 1.
$$6 \cdot 1 = 6$$
Después multiplica las variables.
$$x \text{ por } y = xy$$
Multiplica ambas respuestas.
$$6xy$$
Este es el problema y su respuesta.
$$6x \cdot y = 6xy$$

La división

El signo de división es ÷. La expresión 6 ÷ 6 se lee "seis dividido por seis". En álgebra, el uso de ÷ es infrecuente, prefiriéndose la raya diagonal, /, o una barra fraccionaria horizontal, –. Para este libro, usaremos la barra horizontal.

6/6 o $\frac{6}{6}$ significa "seis dividido por seis".

a/3 o $\frac{a}{3}$ significa "a dividido por tres".

¡IDIOMA MATEMÁTICO!

Mira cómo estas expresiones matemáticas cambian de Idioma Matemático a español corriente.

$$3 \div 3$$
tres dividido por tres

$$5/3$$
cinco dividido por tres

$$a/7$$
a dividido por siete

En álgebra uno puede dividir términos iguales y desiguales.

Uno puede también dividir dos números de cualquier tipo.

$$3 \text{ dividido por } 4 = \frac{3}{4}$$

$$12 \text{ dividido por } 6 = \frac{12}{6} = 2$$

También pueden dividirse dos variables de cualquier tipo.

$$x \text{ dividido por } x = \frac{x}{x} = 1$$

Y también pueden dividirse dos variables distintas.

$$a \text{ dividido por } b = \frac{a}{b}$$

$$x \text{ dividido por } y = \frac{x}{y}$$

Tú puedes dividir dos expresiones cuyos números y variables han sido multiplicados. Para dividir estas expresiones, debes tomar tres pasos.

1. Divide los coeficientes.

2. Divide las variables.

3. Multiplica las dos respuestas.

Aquí hay un par de ejemplos. Estudiarlos *no duele en absoluto*.

Dividir 3x por 4x.
Primero divide los coeficientes.

$$3 \text{ dividido por } 4 = \frac{3}{4}$$

Luego divide las variables.

$$x \text{ dividido por } x = \frac{x}{x} = 1$$

Finalmente, multiplica las dos respuestas.

$\frac{3}{4}$ por 1 es $\frac{3}{4}$, así que la respuesta es $\frac{3}{4}$.

He aquí el problema y su respuesta.

$$\frac{3x}{4x} = \frac{3}{4}$$

Dividir 8x por 2y.
Divide primero los coeficientes.
$$8 \text{ dividido por } 2 = \frac{8}{2} = 4$$
Divide entonces las variables.
$$x \text{ dividido por } y = \frac{x}{y}$$
Multiplica las respuestas.
$$4\,\frac{x}{y}$$

Aquí están el problema y su solución.
$$\frac{8x}{2y} = \left(\frac{4}{1}\right)\left(\frac{x}{y}\right) = \frac{4x}{y}$$

Dividir 12xy por x.
Se dividen primero los coeficientes, es decir, 12 y 1.
$$12 \text{ dividido por } 1 = \frac{12}{1} = 12$$
Luego se dividen las variables.
$$xy \text{ dividido por } x = \frac{xy}{x} = y, \text{ ya que } \frac{x}{x} = 1$$
Finalmente, se multiplican las respuestas.
$$12y$$
El problema y su solución:
$$\frac{12xy}{x} = 12y$$

Dividir 4y por 8xy.
Divide primero los coeficientes, es decir, 4 y 8 .
$$4 \text{ dividido por } 8 = \frac{4}{8} = \frac{1}{2}$$
Luego divide las variables.
$$y \text{ dividido por } xy = \frac{y}{xy} = \frac{1}{x}, \text{ ya que } \frac{y}{y} = 1$$
Finalmente, multiplica las respuestas.
$$\left(\frac{1}{2}\right)\left(\frac{1}{x}\right) = \frac{1}{2x}$$

Aquí están el problema y su solución.
$$\frac{4y}{8xy} = \frac{1}{2x}$$

RASCACABEZAS 2

Resuelve estos problemas de multiplicación y división.

1. $3x$ por $4y$

2. $6x$ por $2x$

3. $2x$ por 5

4. $7x$ dividido por $7x$

5. $4xy$ dividido por $2x$

6. $3x$ dividido por 3

7. $8xy$ dividido por y

(Las respuestas están en la página 32).

EL CERO

El cero es un número especial, porque no es ni positivo ni negativo. Hay ciertas reglas sobre el cero que debieras saber. Si el cero se suma a cualquier número o variable, la respuesta continúa siendo ese mismo número o variable.

$$5 + 0 = 5$$
$$12 + 0 = 12$$
$$x + 0 = x$$

Si cualquier número o variable se suma al cero, la respuesta continúa siendo ese número o variable.

$$0 + 9 = 9$$
$$0 + \frac{1}{2} = \frac{1}{2}$$
$$0 + a = a$$

Si el cero se resta a cualquier número o variable, la respuesta sigue siendo ese mismo número o variable.

$$3 - 0 = 3$$
$$\frac{1}{4} - 0 = \frac{1}{4}$$
$$b - 0 = b$$

Si un número o variable se resta al cero, la respuesta es lo opuesto a ese número o variable.

$$0 - 3 = -3$$
$$0 - (-4) = 4$$
$$0 - b = -b$$

Si cualquier número o variable se multiplica por cero, la respuesta es siempre cero.

$$3 \cdot 0 = 0$$
$$1000(0) = 0$$
$$a \cdot 0 = 0$$
$$d(0) = 0$$
$$7xy \cdot 0 = 0$$

Si se multiplica el cero por cualquier número o variable, la respuesta siempre es cero.

$$0 \cdot 7 = 0$$
$$0 \cdot 9 = 0$$
$$0(x) = 0$$

Si el cero se divide por cualquier número o variable, la respuesta es siempre cero.

$$0 \div 3 = 0$$
$$0 \div (-5) = 0$$
$$\frac{0}{f} = 0$$

Tú no puedes dividir por cero. La división por cero es indefinida.

$$3 \div 0 = ?$$
$$\frac{a}{0} = ?$$

Peligro—¡Errores Terribles!

Tú nunca puedes dividir por cero. La división por cero es indefinida. No caigas en la trampa de pensar que $5 \div 0 = 0$, o que $5 \div 0 = 5$, pues $5 \div 0$ es indefinido.

RASCACABEZAS 3

Todos estos problemas contienen un cero. Resuélvelos.

1. $0 + a$

2. $a(0)$

3. $0 - a$

4. $\frac{0}{a}$

5. $(0)a$

6. $a - 0$

7. $\frac{a}{0}$

(Las respuestas están en la página 33).

EL ORDEN DE LAS OPERACIONES

Cuando resuelvas una oración o expresión matemática, es muy importante que la resuelvas en el orden correcto. Si no lo haces en orden, la respuesta puede ser distinta.

Considera el problema siguiente.

$$3 + 1 \cdot 6$$

Tú lees este problema como "tres más uno multiplicado por seis", pero, ¿estamos hablando de "la cantidad tres más uno multiplicada por seis", es decir, $(3 + 1) \times 6$, o estamos hablando de "tres más la cantidad de uno multiplicado por seis", es decir, $3 + (1 \times 6)$?

Estos dos problemas tienen dos respuestas distintas.

$$(3 + 1) \times 6 = 24$$
$$3 + (1 \times 6) = 9$$

¿Cuál es la respuesta correcta?

Los matemáticos han acordado seguir cierto orden para resolver problemas de matemática. Este es el llamado "orden de las operaciones", creado para evitar confusiones. Sin este orden de las operaciones, varias respuestas distintas son posibles cuando se calculan expresiones matemáticas. El orden de las operaciones te dice cómo simplificar cualquier expresión matemática mediante cuatro pasos.

Paso 1: Resuelve todo lo que está dentro de los paréntesis.
En el problema $7(6 - 1)$, primero resta y después multiplica.

Paso 2: Calcula el valor de todas las expresiones con exponente.
En el problema $5 \cdot 3^2$, primero eleva el tres al cuadrado y luego multiplica por cinco.

Paso 3: Multiplica y/o divide. Comienza a la izquierda y sigue a la derecha.
En el problema $5 \cdot 2 - 4 \cdot 3$, multiplica cinco por dos y luego multiplica cuatro por tres. Haz la resta al final.

Paso 4: Suma y/o resta. Comienza a la izquierda de la ecuación y sigue a la derecha.
En el problema $6 - 2 + 3 - 4$, comienza con seis, resta dos, suma tres y resta cuatro.

Para recordar el orden de las operaciones, recuerda la frase *Plantar Es Muy Difícil Sin Regar*. La primera letra de cada una de estas palabras te dice en qué orden debes hacer tus cálculos. La "P" en *Plantar* te recuerda los Paréntesis. La "E" en *Es* se refiere a los Exponentes. La "M" de *Muy* indica que ahora te toca

Multiplicar. La "D" de *Difícil* dice que ahora debes Dividir. Con la "S" de *Sin* sabes que debes Sumar. La "R" de *Regar* señala que hay que Restar. Si recuerdas que plantar es muy difícil sin regar, no olvidarás el Orden de las Operaciones.

¡IDIOMA MATEMÁTICO!

Mira cómo estas expresiones matemáticas cambian de Idioma Matemático a español corriente.

$$3(5 + 2) - 7$$

tres veces la cantidad de cinco más dos,
después esa cantidad menos siete

$$3 - 7(7) - 2$$

tres menos la cantidad de siete por siete,
después esa cantidad menos dos

$$6 - 3^2 + 2$$

seis menos la cantidad de tres al cuadrado,
después esa cantidad más dos

Observa cómo se resuelve la expresión siguiente.

Calcular el valor de $3(5 - 2) + 6 \cdot 1$

Paso 1: Trabaja dentro de los paréntesis.
$5 - 2$ están dentro de los paréntesis.
$5 - 2 = 3$
Cambia $(5 - 2)$ a (3).
$3(3) + 6 \cdot 1$

Paso 2: Calcula el valor de todas las expresiones con exponente.
Como en este caso no hay expresiones exponenciales, sigue al paso siguiente.

Paso 3: Multiplica y/o divide de izquierda a derecha.
Multiplica tres por tres y luego seis por uno.
$(3)(3) = 9$ y $(6)(1) = 6$
Cambia $(3)(3)$ a 9 y $(6)(1)$ a 6.
$9 + 6$

Paso 4: Suma y/o resta de izquierda a derecha.
Suma $9 + 6$.
$9 + 6 = 15$
Solución: $3(5 - 2) + 6 \cdot 1 = 15$

Observa cómo se resuelve la expresión siguiente.

$(4 - 1)^2 - 2 \cdot 3$

Paso 1: Calcula lo que está dentro de los paréntesis.
$4 - 1$ está dentro de los paréntesis.
$4 - 1 = 3$
Cambia $4 - 1$ a 3.
$(3)^2 - 2 \cdot 3$

Paso 2: Calcula el valor de todas las potencias.
Tres al cuadrado.
$3^2 = 9$
Substituye 3^2 por 9.
$9 - 2 \cdot 3$

Paso 3: Multiplica y/o divide de izquierda a derecha.
Multiplica $2 \cdot 3$.
$2 \cdot 3 = 6$
Cambia $2 \cdot 3$ a 6.
$9 - 6$

Paso 4: Suma y/o resta de izquierda a derecha.
Resta 6 a 9.
$9 - 6 = 3$
Solución: $(4 - 1)^2 - 2 \cdot 3 = 3$

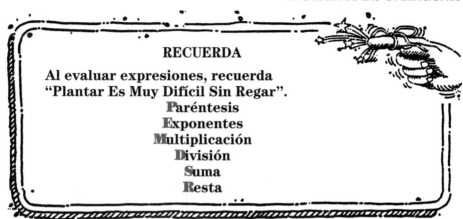

RECUERDA

Al evaluar expresiones, recuerda
"Plantar Es Muy Difícil Sin Regar".
Paréntesis
Exponentes
Multiplicación
División
Suma
Resta

RASCACABEZAS 4

Calcula el valor de las expresiones siguientes. No olvides el Orden de las Operaciones, no olvides "Plantar Es Muy Difícil Sin Regar".

1. $4 \div (2 + 2) - 1$

2. $3 + 12 - 5 \cdot 2$

3. $16 - 2 \cdot 4 + 3$

4. $6 + 5^2 - 12 + 4$

5. $(4 - 3)^2(2) - 1$

(Las respuestas están en la página 33).

LAS PROPIEDADES DE LOS NÚMEROS

Los números tienen cinco propiedades importantes para el estudio del álgebra.

La propiedad conmutativa de la suma
La propiedad conmutativa de la multiplicación
La propiedad asociativa de la suma
La propiedad asociativa de la multiplicación
La propiedad de distributividad de la multiplicación con respecto a la suma

¿En qué consisten estas propiedades?

La propiedad conmutativa de la suma

Según la propiedad conmutativa de la suma, dos números pueden sumarse en cualquier orden y el resultado de la suma será siempre el mismo. En otras palabras, tres más cuatro es lo mismo que cuatro más tres, pues el resultado es siete en ambos casos.

Escrita en Idioma Matemático, la propiedad conmutativa de la suma es $a + b = b + a$. Dados dos números a y b cualquiera, a más b es igual a b más a.

EJEMPLOS:

$3 + 5 = 5 + 3$, ya que $8 = 8$.

$\frac{1}{2} + 6 = 6 + \frac{1}{2}$, ya que $6\frac{1}{2} = 6\frac{1}{2}$.

$5x + 3 = 3 + 5x$.

Peligro—¡Errores Terribles!

La resta no es conmutativa. En una resta, el orden de los números *es* importante.

$$6 - 3 \text{ no es lo mismo que } 3 - 6.$$
$$5 - 0 \text{ no es lo mismo que } 0 - 5.$$

La propiedad conmutativa de la multiplicación

Según la propiedad conmutativa de la multiplicación, dos números pueden multiplicarse en cualquier orden y el resultado de la multiplicación será siempre el mismo.

Escrita en Idioma Matemático, la propiedad conmutativa de la multiplicación es $a(b) = b(a)$. Dados dos números a y b cualquiera, a multiplicado por b es igual a b multiplicado por a.

EJEMPLOS:

$3 \cdot 5 = 5 \cdot 3$ porque $15 = 15$.

$6(1) = 1(6)$ porque $6 = 6$.

$\frac{1}{2}(4) = 4\left(\frac{1}{2}\right)$ porque $2 = 2$.

Peligro—¡Errores Terribles!

La división no es conmutativa. En una división, el orden en que van los números es muy importante.

$$5 \div 10 \text{ no es lo mismo que } 10 \div 5.$$
$$\frac{6}{2} \text{ no es lo mismo que } \frac{2}{6}.$$
$$\frac{a}{2} \text{ no es lo mismo que } \frac{2}{a}.$$

La propiedad asociativa de la suma

Según la propiedad asociativa de la suma, tres números pueden sumarse en cualquier orden y el resultado de la suma será siempre el mismo.

Escrita en Idioma Matemático, la propiedad asociativa de la suma es $(a + b) + c = a + (b + c)$. Si tú sumas primero a y b y luego agregas c al total, la respuesta será la misma que si tú sumas primero b y c y luego agregas el total a a.

EJEMPLOS:

$(3 + 5) + 2 = 3 + (5 + 2)$ porque $8 + 2 = 3 + 7$.

$(1 + 8) + 4 = 1 + (8 + 4)$ porque $9 + 4 = 1 + 12$.

La propiedad asociativa de la multiplicación

Según la propiedad asociativa de la multiplicación, los factores de un producto pueden agruparse de cualquier modo sin que el valor del producto cambie, es decir, tres números pueden multiplicarse en cualquier orden y el resultado será siempre el mismo.

Escrita en Idioma Matemático, la propiedad asociativa de la multiplicación es $(a \cdot b)c = a(b \cdot c)$. Si tú multiplicas primero a y b y luego multiplicas el producto por c, es lo mismo que si tú multiplicas b y c y luego multiplicas ese producto por a.

EJEMPLOS:

$(3 \cdot 2)6 = 3(2 \cdot 6)$ porque $(6)6 = 3(12)$.

$(5 \cdot 4)2 = 5(4 \cdot 2)$ porque $(20)2 = 5(8)$.

La propiedad de distributividad de la multiplicación con respecto a la suma

Según la propiedad de distributividad de la multiplicación con respecto a la suma, cuando tú multiplicas un monomio (como 3) por un binomio (como $2 + x$), la respuesta es el producto de la multiplicación del monomio (3) por el primer término del binomio (2) más el producto de la multiplicación del monomio (3) por el segundo término del binomio (x).

Escrita en Idioma Matemático, la propiedad de distributividad de la multiplicación con respecto a la suma es $a(b + c) = ab + ac$. La multiplicación de a por b más c equivale a la multiplicación de a por b más la multiplicación de a por c.

EJEMPLOS:

$3(5 + 2) = 3 \cdot 5 + 3 \cdot 2$ porque $3(7) = 15 + 6$.

$\frac{1}{2}(4 + 1) = \frac{1}{2}(4) + \frac{1}{2}(1)$ porque $\frac{1}{2}(5) = 2 + \frac{1}{2}$.

$6(3 + x) = 6(3) + 6(x)$ o bien $6(3 + x) = 18 + 6x$.

$5y(2x + 3) = 5y(2x) + 5y(3)$ o bien $5y(2x + 3) = 10xy + 15y$.

RASCACABEZAS 5

Usa las abreviaturas siguientes:

CS = La propiedad conmutativa de la suma
CM = La propiedad conmutativa de la
     multiplicación
AS = La propiedad asociativa de la suma
AM = La propiedad asociativa de la
     multiplicación
DM/S = La propiedad de distributividad de la
       multiplicación con respecto a la suma

Al lado de cada ecuación matemática, escribe la abreviatura que corresponde a la ecuación. Ten cuidado—algunos problemas son engañosos.

_____ 1. $6(5 + 1) = 6(5) + 6(1)$

_____ 2. $4 + (3 + 2) = (4 + 3) + 2$

_____ 3. $5 + 3 = 3 + 5$

_____ 4. $3(5 \cdot 1) = (3 \cdot 5)1$

_____ 5. $7(3) = 3(7)$

_____ 6. $6(4 + 3) = 6(3 + 4)$

(Las respuestas están en la página 33).

SISTEMAS NUMÉRICOS

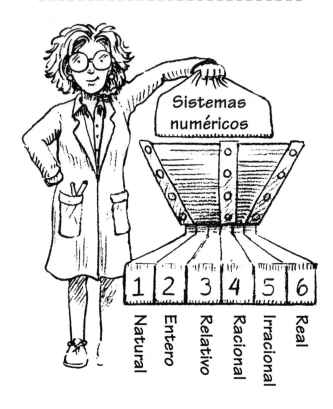

Hay seis sistemas numéricos distintos.

Los números naturales
Los números enteros
Los números relativos
Los números racionales
Los números irracionales
Los números reales

Los números naturales

Los números naturales son los números 1, 2, 3, 4, 5, . . .
Los tres puntos . . . significan que tú puedes seguir contando
para siempre.

Los números naturales se llaman a veces *números contables* por ser los números empleados para contar cualquier cosa.

EJEMPLOS:

7 y 9 son números naturales.

$0, \frac{1}{2},$ y -3 *no* son números naturales.

Los números enteros

Los números enteros son los números 0, 1, 2, 3, 4, 5, 6, . . .
Los números enteros son los mismos números naturales más el cero.
Todos los números naturales son números enteros.

EJEMPLOS:

0, 5, 23, y 1001 son números enteros.

$-4, \frac{1}{3},$ y 0.2 *no* son números enteros.

Los números relativos

Los números relativos son los números naturales, sus opuestos y el cero.
Los números relativos son . . . , $-3, -2, -1, 0, 1, 2, 3,$ . . . .
Todos los números enteros son números relativos.
Todos los números naturales son números relativos.

EJEMPLOS:

$-62, -12, 27,$ y 83 son números relativos.

$-\frac{3}{4}, \frac{1}{2},$ y $\sqrt{2}$ *no* son números relativos.

Los números racionales

Los números racionales son cualquier número que puede ser expresado como una razón de dos números enteros.
Todos los números relativos son números racionales.
Todos los números enteros son números racionales.
Todos los números naturales son números racionales.

EJEMPLOS:

3 puede escribirse como $\frac{3}{1}$, y por eso 3 es un número racional.

-27, $-12\frac{1}{2}$, $-\frac{1}{3}$, $\frac{1}{4}$, 7, $4\frac{4}{5}$, y 1.000.000 son todos números racionales.

$\sqrt{2}$ y $\sqrt{3}$ *no* son números racionales.

Los números irracionales

Los números irracionales son números que no pueden ser representados por un número exacto y no pueden ser expresados como una razón de dos números enteros.

Los números racionales no son números irracionales.

Los números relativos no son números irracionales.

Los números enteros no son números irracionales.

Los números naturales no son números irracionales.

EJEMPLOS:

$-\sqrt{2}$, $\sqrt{2}$, y $\sqrt{3}$ son números irracionales.

-41, $-17\frac{1}{2}$, $-\frac{3}{8}$, $\frac{1}{5}$, 4, $\frac{41}{7}$, y 1.247 *no* son números irracionales.

Los números reales

Los números reales son una combinación de todos los sistemas numéricos.

Los números reales son los números naturales, enteros, relativos, racionales e irracionales.

Cada punto en la línea numérica es un número real.

Todos los números irracionales son números reales.

Todos los números racionales son números reales.

Todos los números relativos son números reales.

Todos los números enteros son números reales.

Todos los números naturales son números reales.

EJEMPLOS:

-53, $-\frac{17}{3}$, $4\frac{1}{2}$, $-\sqrt{2}$, $-\frac{3}{5}$, 0, $\frac{1}{6}$, $\sqrt{3}$, 4, $\frac{41}{7}$ y 1.247 son números reales.

Peligro—¡Errores Terribles!

¿Es cinco un número entero o un número natural? Cinco es tanto un número entero como natural. Un número puede pertenecer a más de un sistema numérico al mismo tiempo.

¿Es seis un número entero o un número racional? Seis es tanto un número entero como racional. Seis puede escribirse como 6 y como $\frac{6}{1}$.

RASCACABEZAS 6

Lee las abreviaciones indicadas más abajo y haz un círculo a la abreviación que corresponda a los números de la primera columna.

N = Números naturales
E = Números enteros
Rel = Números relativos
Rac = Números racionales
I = Números irracionales
Rea = Números reales

1. 3	N	E	Rel	Rac	I	Rea
2. −7	N	E	Rel	Rac	I	Rea
3. 0	N	E	Rel	Rac	I	Rea
4. $-\frac{1}{4}$	N	E	Rel	Rac	I	Rea
5. $\frac{3}{8}$	N	E	Rel	Rac	I	Rea
6. $\frac{6}{1}$	N	E	Rel	Rac	I	Rea
7. −4	N	E	Rel	Rac	I	Rea
8. 6	N	E	Rel	Rac	I	Rea
9. $\sqrt{3}$	N	E	Rel	Rac	I	Rea
10. $\frac{12}{3}$	N	E	Rel	Rac	I	Rea

(Las respuestas están en la página 34).

RASCACABEZAS— RESPUESTAS

Rascacabezas 1, página 9

1. $3x + 7x = 10x$

2. $4x + x = 5x$

3. $3x - 3x = 0$

4. $10x - x = 9x$

5. $6x - 4x = 2x$

6. $3x + 2 = 3x + 2$ La suma de estos términos no puede simplificarse. Estos no son términos iguales.

7. $10 - 4x = 10 - 4x$ Esta expresión no puede simplificarse porque 10 y $4x$ no son términos iguales.

Rascacabezas 2, página 16

1. $3x$ por $4y = 3x(4y) = 12xy$

2. $6x$ por $2x = 6x(2x) = 12x^2$

3. $2x$ por $5 = 2x(5) = 10x$

4. $7x$ dividido por $7x = \frac{7x}{7x} = 1$

5. $4xy$ dividido por $2x = \frac{4xy}{2x} = 2y$

6. $3x$ dividido por $3 = \frac{3x}{3} = x$

7. $8xy$ dividido por $y = \frac{8xy}{y} = 8x$

Rascacabezas 3, página 18

1. $0 + a = a$

2. $a(0) = 0$

3. $0 - a = -a$

4. $\frac{0}{a} = 0$

5. $(0)a = 0$

6. $a - 0 = a$

7. $\frac{a}{0}$ es indefinido.

Rascacabezas 4, página 23

1. $4 \div (2 + 2) - 1 = \frac{4}{4} - 1 = 1 - 1 = 0$

2. $3 + 12 - 5 \cdot 2 = 3 + 12 - 10 = 15 - 10 = 5$

3. $16 - 2 \cdot 4 + 3 = 16 - 8 + 3 = 11$

4. $6 + 5^2 - 12 + 4 = 6 + 25 - 12 + 4 = 23$

5. $(4 - 3)^2(2) - 1 = (1)^2(2) - 1 = 1(2) - 1 = 2 - 1 = 1$

Rascacabezas 5, página 27

1. DM/S

2. AS

3. CS

4. AM

5. CM

6. CS

Rascacabezas 6, página 31

1. N, E, Rel, Rac, Rea

2. Rel, Rac, Rea

3. E, Rel, Rac, Rea

4. Rac, Rea

5. Rac, Rea

6. N, E, Rel, Rac, Rea

7. Rel, Rac, Rea

8. N, E, Rel, Rac, Rea

9. I, Rea

10. N, E, Rel, Rac, Rea

CAPÍTULO DOS

Los números relativos

El meteorólogo que informó sobre el tiempo en la página anterior usó números negativos para indicar cuánto frío hacía, pues la temperatura estaba por debajo de cero grado. Cuando tú aprendiste a contar por primera vez, tú contabas con números positivos, es decir, con números mayores a cero: 1, 2, 3, 4, 5, etc. Por eso es que esos números se llaman números contables. Seguramente aprendiste primero hasta diez, luego hasta 100 y quizás hasta 1.000, hasta que comprendiste que podrías seguir contando para siempre porque cualquier número tiene un número mayor que él.

Pues bien, también hay números negativos. Los números negativos se usan para expresar temperaturas frías, el dinero que uno debe a otros, los metros bajo el nivel del mar y muchas otras cosas. La cuenta del negativo uno al negativo diez es así: -1, -2, -3, -4, -5, -6, -7, -8, -9, -10. Igual que con los números positivos, tú puedes seguir contando los números negativos hasta -100 o -1.000 o para siempre. Después de un número negativo siempre hay otro número negativo que es menor que él.

Cuando combinas todos estos números positivos, números negativos y el cero y trabajas con ellos, estás trabajando con *números relativos*.

¿QUÉ SON LOS NÚMEROS RELATIVOS?

Los números relativos están compuestos de tres grupos de números:

- los números relativos positivos
- los números relativos negativos
- el cero

Los números relativos positivos son:
1, 2, 3, 4, . . .

¡IDIOMA MATEMÁTICO!

Tres puntos juntos, . . . , significan
que el orden puede continuar para
siempre.

Los números relativos positivos pueden a veces escribirse así:
+1, +2, +3, +4, . . .

O bien, a veces pueden escribirse así:
(+1), (+2), (+3), (+4), . . .

He aquí un gráfico de los números relativos positivos:

Nota que los números relativos son sólo los números contables. Los números que se encuentran entre dos números contables no son números relativos. La flecha gruesa que muestra
hacia la derecha significa que se puede seguir contando para
siempre en esa dirección.

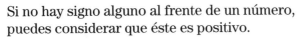

¡IDIOMA MATEMÁTICO!

Si no hay signo alguno al frente de un número, puedes considerar que éste es positivo.

4 puede también escribirse como +4 o (+4).
+4 se lee como "4 positivo".
+4 no debe leerse como "más cuatro".

Los número relativos negativos son:
$$-1, -2, -3, -4, -5, \ldots$$

A veces también se escriben así:
$$(-1), (-2), (-3), (-4), (-5) \ldots$$

He aquí un gráfico de los números relativos negativos:

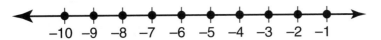

¡IDIOMA MATEMÁTICO!

−3 puede también escribirse como (−3).
−3 se lee como "3 negativo".
−3 no debe leerse como "menos tres".

El cero es un número relativo pero no es ni positivo ni negativo.

Aquí tienes un gráfico del cero.

Aquí está la lista que representa a todos los números relativos.

$$\ldots -4, -3, -2, -1, 0, 1, 2, 3, 4 \ldots.$$

Aquí está el gráfico que representa a todos los números relativos.

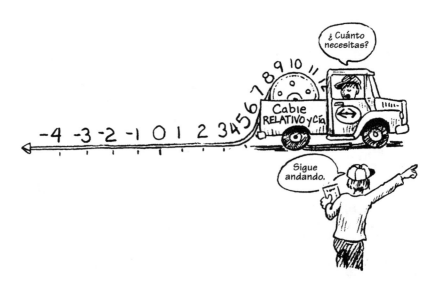

Aquí tienes una lista con algunos números que son relativos.

$$0, 4, -7, -1000, 365, \frac{10}{2}, -\frac{6}{3}, \frac{10}{10}, 123.456.789$$

Aquí tienes una lista con algunos números que no son relativos.

$$7,2, \frac{6}{4}, -\frac{3}{8}, -1,2$$

Peligro—¡Errores Terribles!

El número $\frac{6}{2}$ es un número relativo. El número $\frac{5}{2}$ *no* es un número relativo. ¿Por qué? Porque el número $\frac{6}{2}$ es 6 dividido por 2, es decir 3, y 3 es un número relativo. Pero el número $\frac{5}{2}$ es 5 dividido por 2, es decir $2\frac{1}{2}$, y $2\frac{1}{2}$ *no* es un número relativo.

Números relativos representados en gráficos

Mira cómo distintos números relativos se muestran en un gráfico.

Número relativo: (-2). Gráfico:

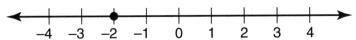

Número relativo: (-1). Gráfico:

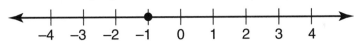

Número relativo: 3. Gráfico:

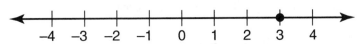

Número relativo: (-4). Gráfico:

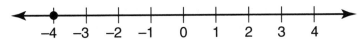

Número relativo: 0. Gráfico:

¿CUÁL ES MAYOR?

A veces los matemáticos desean comparar dos números y decidir cuál es más grande y cuál es más chico. Pero en vez de decir *más grande* y *más chico*, los matemáticos usan las palabras *mayor que* y *menor que*. Así es como dicen, "Siete es *mayor que* tres", o "Tres es *menor que* siete". Para indicar estas relaciones, los matemáticos usan los signos ">" o "<".

¡IDIOMA MATEMÁTICO!

El signo ">" significa "mayor que". Por ejemplo, 6 > 5 significa que seis es mayor que cinco.

El signo "<" significa "menor que". Por ejemplo, 3 < 8 significa que tres es menor que ocho.

Aquí tienes un ejemplo de dos desigualdades que significan lo mismo. Observa que la flecha siempre señala al número más pequeño.

$2 > 1$ *(Dos es mayor que uno).*
$1 < 2$ *(Uno es menor que dos).*

¡IDIOMA MATEMÁTICO!

Las oraciones matemáticas con ">" o "<" se llaman *desigualdades*.

Las oraciones matemáticas con "=" se llaman *igualdades* o *ecuaciones*.

Veamos ahora a algunos pares de números relativos positivos y negativos para decidir cuál es más grande y cuál es más chico.

- -3 y 5
  (Recuerda: Los números positivos son siempre mayores que los números negativos).
  $-3 < 5$ (Tres negativo es menor que cinco).
  O bien, puedes escribir:
  $5 > -3$ (Cinco positivo es mayor que tres negativo).

- 6 y 0
  (Recuerda: Los números positivos son siempre mayores que el cero).
  $6 > 0$ (Seis es mayor que cero).
  O bien, puedes escribir:
  $0 < 6$ (Cero es menor que seis).

- -3 y 0
  (Recuerda: Los números negativos son siempre menores que el cero).
  $-3 < 0$ (Tres negativo es menor que cero).
  O bien, puedes escribir:
  $0 > -3$ (Cero es mayor que tres negativo).

- -4 y -10

(Recuerda: Mientras más grande parezca un número negativo, más pequeño realmente es).

$-4 > -10$ (Cuatro negativo es mayor que diez negativo).

O bien, puedes escribir:

$-10 < -4$ (Diez negativo es menor que cuatro negativo).

No te quejes.
Mira cuántos ceros
estoy acarreando.

$-500.000.000$

500

Peligro—¡Errores Terribles!

Cuando hay números negativos y debes decidir cuál es el mayor, es fácil equivocarse.

Recuerda:

1. Los números positivos son siempre mayores que los negativos.
2. El cero es siempre menor que cualquier número positivo.
3. El cero es siempre mayor que cualquier número negativo.
4. Al comparar dos números negativos, el número que parece ser más grande es en realidad el más chico. El seis negativo parece más grande que el dos negativo, pero en realidad es menor. ¿Todavía estás confundido? Busca ambos números en el gráfico y verás que el número negativo más próximo al cero es siempre mayor.

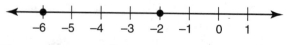

RASCACABEZAS 7

Indica si la declaración es verdadera (V) o falsa (F).

Sugerencia: Cinco de estas declaraciones son verdaderas. La suma de los números de los problemas de las declaracioes verdaderas es 25.

_____ 1. -7 es un número relativo.

_____ 2. $\frac{3}{2}$ es un número relativo.

_____ 3. 5 es un número relativo.

_____ 4. 0 es un número relativo positivo.

_____ 5. $2 < 10$

_____ 6. $(-5) > (8)$

_____ 7. $(-7) < (-5)$

_____ 8. $(-3) < (-5)$

_____ 9. $(-1) > (-4)$

_____ 10. $0 < -1$

(Las respuestas están en la página 65).

SUMA DE NÚMEROS RELATIVOS

Cuando sumas números relativos, tu problema puede ser similar a uno de los cuatro tipos de problema siguientes:

Caso 1: Ambos números son positivos.
Ejemplo: $(+3) + (+5)$

Caso 2: Ambos números son negativos.
Ejemplo: $(-2) + (-4)$

Caso 3: Uno de los dos números es positivo y el otro es negativo.
Ejemplo: $(+3) + (-8)$

Caso 4: Uno de los dos números es cero.
Ejemplo: $0 + (+2)$

Veamos ahora cómo resolver cada uno de estos tipos de problema.

Caso 1: Ambos números son positivos.

Solución indolora: Suma los números igual como si sumaras dos números cualquiera. La respuesta es siempre positiva.

EJEMPLOS:

$$(+3) + (+8) = +11$$
$$2 + (+4) = +6$$
$$3 + 2 = 5$$

Caso 2: Ambos números son negativos.

Solución indolora: Imagina que ambos números son positivos. Súmalos. Coloca un signo negativo frente a la respuesta.

EJEMPLOS:

$$(-3) + (-8) = (-11)$$
$$(-2) + (-4) = (-6)$$
$$-5 + (-5) = -10$$

Caso 3: Uno de los dos números es positivo y el otro es negativo.

Solución indolora: Imagina que ambos números son positivos. Resta el número más pequeño al número más grande. Escribe en la respuesta el signo del número que sería más grande si ambos números hubieran sido positivos.

$$(-3) + (+8) = ?$$

Imagina que ambos números son positivos y resta el número menor al número mayor.

$$8 - 3 = 5$$

Escribe en la respuesta el signo del número mayor si ambos números hubieran sido positivos. Ocho es mayor que tres y es positivo, por eso la respuesta es positiva.

$$(-3) + (+8) = +5$$

$$(+2) + (-4) = ?$$

Imagina que ambos números son positivos y resta el número menor al número mayor.

$$4 - 2 = 2$$

Escribe en la respuesta el signo del número mayor si ambos números hubieran sido positivos. Cuatro es mayor que dos y es negativo, por eso la respuesta es negativa.

$$(+2) + (-4) = -2$$

Caso 4: Uno de los números es cero.

Solución indolora: El resultado de la suma de un cero y cualquier otro número es ese número.

EJEMPLOS:

$$(+2) + 0 = +2$$
$$0 + (-8) = -8$$

¡IDIOMA MATEMÁTICO!

Los números que tú sumas en un problema se llaman *sumandos*.

La respuesta a un problema de suma se llama *suma*.

En el problema $(3) + (-2) = 1$,

3 es el sumando.

(-2) es el sumando.

1 es la suma.

RASCACABEZAS 8

Resuelve las sumas siguientes:

____ 1. $(+5) + 0$

____ 2. $(+3) + (+6)$

____ 3. $(-3) + (+6)$

____ 4. $0 + (-1)$

____ 5. $(+4) + (-4)$

____ 6. $(-6) + (-3)$

____ 7. $(-5) + (+2)$

____ 8. $5 + 2$

____ 9. $2 + (-4)$

____10. $(-5) + (-2)$

(Las respuestas están en la página 65).

RESTA DE NÚMEROS RELATIVOS

Cuando tú restas un número relativo de otro número relativo, hay seis casos posibles:

Caso 1: **Ambos números son positivos.**
Ejemplo: $5 - (+3)$

Caso 2: **Ambos números son negativos.**
Ejemplo: $(-7) - (-4)$

Caso 3: **El primer número es positivo y el segundo es negativo.**
Ejemplo: $3 - (-4)$

Caso 4: **El primer número es negativo y el segundo es positivo.**
Ejemplo: $(-5) - (+3)$

Caso 5: **El primer número es cero.**
Ejemplo: $0 - (-3)$

Caso 6: **El segundo número es cero.**
Ejemplo: $3 - (0)$

¡IDIOMA MATEMÁTICO!

El primer número de un problema de resta se llama *minuendo*.

El segundo número de un problema de resta se llama *sustraendo*.

La respuesta de un problema de resta se llama *diferencia*.

¡Seis casos posibles! ¿Cómo recordar cómo se resta un número de otro? Es fácil, con la *solución indolora.*

Cambia el problema de resta a un problema de suma convirtiendo en opuesto al número que debe restarse. Y después resuelve el problema como cualquier otro problema de suma.

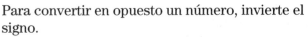

¡IDIOMA MATEMÁTICO!

Para convertir en opuesto un número, invierte el signo.

Lo opuesto de 7 es (-7).
Lo opuesto de 242 es (-242).
Lo opuesto de -13 es 13.
Lo opuesto de (-6) es 6.
Lo opuesto de 0 es siempre 0.

Mira cuán fácil es resolver estos problemas de resta con la *solución indolora.*

$(+7) - (-3)$
Cambia el problema de resta a un problema de suma.
$$(+7) + (-3)$$
Convierte en opuesto al número que debe restarse.
$$(+7) + (+3)$$
Resuelve el problema.
$$(+7) + (+3) = 10$$

$(-4) - (-3)$
Cambia el problema de resta a un problema de suma.
$$(-4) + (-3)$$
Convierte en opuesto al número que debe restarse.
$$(-4) + (+3)$$
Resuelve el problema.
$$(-4) + (+3) = -1$$

$$0 - (+5)$$

Cambia el problema de resta a un problema de suma.

$$0 + (+5)$$

Convierte en opuesto al número que debe restarse.

$$0 + (-5)$$

Resuelve el problema.

$$0 + (-5) = -5$$

Peligro—¡Errores Terribles!

Asegúrate de cambiar tanto el signo del problema (convertir la resta en suma) como del número que debe restarse (positivo a negativo o negativo a positivo).

RASCACABEZAS 9

El primer paso al resolver un problema de resta es saber cómo convertir un problema de resta a un problema de suma. Mira cada problema en la columna izquierda, busca su conversión correcta en la columna derecha y escribe su letra sobre la raya. Si todas las respuestas son correctas, las letras formarán una palabra.

____	$6 - (-4)$	S	$6 + (4)$
____	$-6 - (4)$	M	$6 + (-4)$
____	$6 - (4)$	P	$-6 + (4)$
____	$(-6) - (-4)$	I	$-6 + (-4)$
____	$0 - (-4)$	E	$0 + (-4)$
____	$0 - (+4)$	L	$0 + 4$

(Las respuestas están en la página 66).

RASCACABEZAS 10

Resuelve ahora estos problemas de resta.

____ 1. $6 - (-4)$

____ 2. $-6 - (4)$

____ 3. $6 - (4)$

____ 4. $(-6) - (-4)$

____ 5. $0 - (-4)$

____ 6. $0 - (+4)$

(Las respuestas están en la página 66).

Recuerda . . .
    Basta con cambiar el problema de resta a un problema de suma y luego convertir en opuesto al número que debe restarse. Finalmente, haz la suma.

Ejemplo: $6 - (-4)$
        $6 - (-4)$ se convierte en $6 + (+4)$ después de cambiar ambos signos.
        $6 + (4) = 10$

MULTIPLICACIÓN DE NÚMEROS RELATIVOS

La multiplicación de números relativos es fácil. Cuando multiplicas dos números relativos hay cuatro casos posibles.

Caso 1: Ambos números son positivos.
Ejemplo: $6 \cdot 4$

Caso 2: Ambos números son negativos.
Ejemplo: $(-3)(-2)$

Caso 3: Un número es positivo y el otro es negativo.
Ejemplo: $(-5)(+2)$

Caso 4: Uno de los dos números es cero.
Ejemplo: $(-6) \cdot 0$

Aquí verás cómo resolver problemas de multiplicación de números relativos.

Caso 1: Ambos números son positivos.

Solución indolora: Simplemente multiplica los números. La respuesta es siempre positiva.

EJEMPLOS:
$5 \times 3 = 15$
$(+6)(+4) = (+24)$
$2 \times (+7) = (+14)$

Caso 2: Ambos números son negativos.

Solución indolora: Imagina que los números son positivos. Multiplícalos. La respuesta será siempre positiva.

EJEMPLOS:
$(-5)(-3) = 15$
$-6 \times (-4) = +24$

Caso 3: Un número es positivo y el otro es negativo.

Solución indolora: Imagina que los números son positivos. Multiplícalos. La respuesta será siempre negativa.

EJEMPLOS:

$$(-4)(+3) = (-12)$$
$$5 \times (-2) = (-10)$$

Caso 4: Uno de los dos números es cero.

Solución indolora: La respuesta siempre será 0. No importa que estés multiplicando un número positivo por cero o uno negativo por cero. Cero multiplicado por cualquier número o cualquier número multiplicado por cero será siempre cero.

EJEMPLOS:

$$0 \times 7 = 0$$
$$(-8) \times 0 = 0$$
$$(+4) \times 0 = 0$$
$$0 \times (-1) = 0$$

¡IDIOMA MATEMÁTICO!

Los números que tú multiplicas en un problema de multiplicación se llaman *factores*.

La respuesta en un problema de multiplicación se llama *producto*.

En el problema $(5)(-6) = (-30)$,
5 y (-6) son factores,
(-30) es el producto.

Recuerda . . .

Un número positivo multiplicado por un número positivo será un número positivo.

Un número negativo multiplicado por un número negativo será un número positivo.

Un número positivo multiplicado por un número negativo será un número negativo.

RASCACABEZAS 11

Resuelve los siguientes problemas de multiplicación.

1. $(-2)(-8)$

2. $(3)(-3)$

3. $(8)(-2)$

4. $5 \cdot 0$

5. $3 \cdot 3$

(Las respuestas están en la página 66).

¡IDIOMA MATEMÁTICO!

El primer número en un problema de división se llama *dividendo*.

El segundo número en un problema de división se llama *divisor*.

La respuesta en un problema de división se llama *cociente*.

En el problema de división $(-8) \div 2 = (-4)$,
-8 es el dividendo,
2 es el divisor,
-4 es el cociente.

DIVISIÓN DE NÚMEROS RELATIVOS

Cuando tú divides dos números relativos, hay cinco casos posibles.

Caso 1: Ambos números son positivos.
Ejemplo: $21 \div 7$

Caso 2: Ambos números son negativos.
Ejemplo: $(-15) \div (-3)$

Caso 3: Un número es negativo y un número es positivo.
Ejemplo: $(+8) \div (-4)$

Caso 4: El dividendo es 0.
Ejemplo: $0 \div (-2)$

Caso 5: El divisor es 0.
Ejemplo: $6 \div 0$

Aquí verás cómo resolver cada uno de estos casos.

Caso 1: Ambos números son positivos.

Solución indolora: Divide los números. La respuesta será siempre positiva.

EJEMPLOS:

$8 \div 2 = 4$

$(+12) \div (+4) = 3$

Caso 2: Ambos números son negativos.

Solución indolora: Imagina que ambos números son positivos. Divídelos. La respuesta será siempre positiva.

EJEMPLOS:

$(-9) \div (-3) = 3$

$-15 \div (-3) = +5$

¡IDIOMA MATEMÁTICO!

Mira cómo puedes cambiar el Idioma Matemático al español corriente.

$(-9) \div (-3) = 3$

Nueve negativo dividido por tres negativo es igual a tres.

Caso 3: Un número es positivo y el otro es negativo.

Solución indolora: Imagina que los números son positivos. Divídelos. La respuesta será siempre negativa.

EJEMPLOS:

$-9 \div 3 = (-3)$

$15 \div (-3) = -5$

Caso 4: El dividendo es cero.

Solución indolora: Cero dividido por cualquier número (excepto 0) será cero. No importa si tú estás dividiendo cero por un número positivo o negativo. La respuesta será siempre cero.

EJEMPLOS:

$0 \div 6 = 0$

$0 \div (-3) = 0$

Caso 5: El divisor es cero.

Solución indolora: La división por cero es siempre indefinida. ¿Cómo puedes dividir algo en cero partes?

EJEMPLOS:

$4 \div 0 =$ indefinido

$(-8) \div 0 =$ indefinido

Recuerda . . .

Las reglas para dividir son las mismas que para multiplicar.

Un número positivo dividido por un número positivo será positivo.

Un número negativo dividido por un número negativo será positivo.

Un número positivo dividido por un número negativo será negativo.

Un número negativo dividido por un número positivo será negativo.

RASCACABEZAS 12

Resuelve estos problemas de división.

1. $5 \div 5$

2. $5 \div (-5)$

3. $(-6) \div 3$

4. $0 \div 10$

5. $(-6) \div (-3)$

6. $10 \div 0$

(Las respuestas están en la página 67).

¿QUÉ SIGNO TIENE LA RESPUESTA?

Cuando tú sumas, restas, multiplicas o divides números positivos y/o negativos, ¿cómo puedes saber qué signo lleva la respuesta? La tabla en la página siguiente resume todo lo que has aprendido hasta ahora. Elige un tipo determinado de problema: ¿es una suma, una resta, una multiplicación o una división?

¿Qué signo tiene el problema? Cuando lo identifiques, busca la respuesta.

	AMBOS NÚMEROS (+)	AMBOS NÚMEROS (−)	UN NÚMERO (+) Y UN NÚMERO (−)
suma	Positivo (+)	Negativo (−)	(+) o (−)
resta	(+) o (−)	(+) o (−)	(+) o (−)
multiplicación	(+)	(+)	(−)
división	(+)	(+)	(−)

SUPERRASCACABEZAS

Encuentra el signo correcto para cada problema y haz un círculo alrededor de la letra a su lado. La combinación de respuestas te dará una palabra familiar.

1. $(-6) + (-2) =$ (−) I o (+) R

2. $(-12) \div (-3) =$ (−) A o (+) N

3. $(-6) - (-2) =$ (−) D o (+) B

4. $-7 \div (+1) =$ (−) O o (+) U

5. $2 - (-2) =$ (−) Y o (+) L

6. $(-3)(-2) =$ (−) C o (+) O

7. $(-4) + (-7) =$ (−) R o (+) M

8. $(-6) - (-8) =$ (−) F o (+) O

9. $4 \times (-2) =$ (−) S o (+) E

(Las respuestas están en la página 67).

PROBLEMAS VERBALES

Muchas personas dicen "¡blah!" cuando ven que es hora de resolver problemas verbales porque piensan que son difíciles. En realidad no lo son. Todo lo que necesitas para resolver un problema verbal es cambiar tu español corriente al Idioma Matemático. Veamos ahora cómo resolver problemas verbales que emplean números relativos.

PROBLEMA 1: Un ascensor subió tres pisos y luego bajó dos pisos. ¿Cuánto más alto o más bajo quedó el ascensor de lo que estaba al comienzo?

Solución indolora:
El ascensor subió tres pisos ($+3$).
El ascensor bajó dos pisos (-2).
La palabra "y" significa suma ($+$).
De este modo, el problema es ($+3$) + (-2).
La respuesta es ($+3$) + (-2) = ($+1$).
El ascensor quedó un piso más alto de lo que había estado al comienzo.

PROBLEMA 2: La temperatura más alta hoy fue de seis grados. La temperatura más baja hoy fue de dos grados bajo cero. ¿Cuál fue el cambio de temperatura?

Solución indolora:
La temperatura alta fue de seis grados ($6+$).
La temperatura baja fue de dos grados bajo cero (-2).

La palabra "cambio" significa resta $(-)$.
Así, el problema es $(+6) - (-2)$.
La respuesta es $(+6) - (-2) = +8$.
Hubo un cambio de ocho grados en la temperatura.

PROBLEMA 3: La temperatura ha estado bajando dos grados cada hora. ¿Cuántos grados bajó en seis horas?

Solución indolora:
La temperatura bajó dos grados (-2).
El tiempo transcurrido fue de seis horas $(+6)$.
Tipo de problema: multiplicación.
Así, el problema es $(-2) \times (+6)$.
La respuesta es $(-2) \times (+6) = (-12)$.
La temperatura bajó 12 grados.

PROBLEMA 4: Jorge gasta \$3 cada día para almorzar. Esta semana Jorge ha gastado un total de \$12 en almuerzos. ¿Por cuántos días Jorge ha comprado almuerzos?

Solución indolora:
La suma total gastada en almuerzos fue \$12.
El precio de cada almuerzo fue \$3.
Tipo de problema: división.
Entonces el problema es \$12 ÷ \$3.
La respuesta es \$12 ÷ \$3 = 4.
Jorge compró almuerzos durante cuatro días.

RASCACABEZAS—
RESPUESTAS

Rascacabezas 7, página 45

1. V

2. F

3. V

4. F

5. V

6. F

7. V

8. F

9. V

10. F

Nota que $1 + 3 + 5 + 7 + 9 = 25$.

Rascacabezas 8, página 49

1. $(+5) + 0 = +5$

2. $(+3) + (+6) = +9$

3. $(-3) + (+6) = +3$

4. $0 + (-1) = -1$

5. $(+4) + (-4) = 0$

6. $(-6) + (-3) = -9$

7. $(-5) + (+2) = -3$

8. $5 + 2 = +7$

9. $2 + (-4) = -2$

10. $(-5) + (-2) = -7$

Rascacabezas 9, página 53

SIMPLE

Rascacabezas 10, página 54

1. $6 - (-4) = 10$

2. $-6 - (4) = -10$

3. $6 - (4) = 2$

4. $(-6) - (-4) = -2$

5. $0 - (-4) = +4$

6. $0 - (+4) = -4$

Rascacabezas 11, página 57

1. $(-2)(-8) = 16$

2. $(3)(-3) = -9$

3. $(8)(-2) = -16$

4. $5 \cdot 0 = 0$

5. $3 \cdot 3 = 9$

Rascacabezas 12, página 61

1. $5 \div 5 = 1$

2. $5 \div (-5) = -1$

3. $(-6) \div 3 = -2$

4. $0 \div 10 = 0$

5. $(-6) \div (-3) = 2$

6. $10 \div 0$ es indefinido.

Superrascacabezas, página 62

INDOLOROS

CAPÍTULO TRES

Solución de ecuaciones con una variable

DEFINICIÓN DE TÉRMINOS

Una *ecuación* es una oración matemática que incluye un signo igual. Una *variable* es una letra que se emplea para representar un número. Algunas ecuaciones tienen variables y otras no.

$3 + 5 = 8$ es una variable.

$3x + 1 = 4$ es una ecuación.

$2x + 7x + 1$ no es una ecuación, pues no posee un signo igual.

$3 + 2 > 5$ es una oración matemática pero no es una ecuación porque no incluye un signo igual.

¡IDIOMA MATEMÁTICO!

Considera a la letra x como un número misterioso. Mira cómo puedes cambiar las ecuaciones siguientes del Idioma Matemático al español corriente.

$$x + 3 = 7$$
Un número misterioso más tres es igual a siete.

$$2x - 4 = 8$$
Dos veces un número misterioso menos cuatro es igual a ocho.

$$\frac{1}{2}x = 5$$
La mitad de un número misterioso es igual a cinco.

$$3(x + 1) = 0$$
Tres veces la cantidad del número misterioso más uno es igual a cero.

Uno de los principales objetivos del álgebra es el de encontrar el valor de este número misterioso. Tan pronto tú encuentras su valor y lo escribes en la ecuación, la oración matemática queda completa.

A veces basta con mirar una ecuación para darte cuenta del valor del número misterioso. Mira la ecuación $x + 1 = 2$. ¿Cuál crees que es el valor del número misterioso? ¡Tienes razón! Es uno: $1 + 1 = 2$.

¿Y qué si tienes la ecuación $y - 1 = 3$? ¿Cuál sería el valor del número misterioso? ¡Ajá! Es cuatro: $4 - 1 = 3$.

Y en la ecuación $2a = 10$, ¿qué puede ser a? Pues, es cinco: $2(5) = 10$.

Aquí tienes una ecuación fácil: $3 + 4 = b$. ¿Qué puede ser b? Por supuesto, es siete: $3 + 4 = 7$.

Sí. a veces basta con mirar una ecuación para saber la respuesta. Sin embargo, la mayoría de las veces es preciso resolver la ecuación empleando los principios del álgebra. ¿Crees que puedes resolver la ecuación $3(x + 2) + 5 = 6(x - 1) - 4$ en tu cabeza? Seguramente no. Pero sí puedes usar las reglas del álgebra para solucionarla. Cuando hayas terminado este capítulo, resolver esa ecuación te será tan fácil como comerte un pastel.

Más fácil que comer un pastel.

$$3(x+2)+5 = 6(x-1)-4$$

SOLUCIÓN DE ECUACIONES

Resolver ecuaciones *no causa dolor alguno*. Hay que seguir tres pasos para resolver una ecuación con una variable (también llamada *incógnita*).

Paso 1: Simplifica ambos lados de la ecuación.

Paso 2: Suma y/o resta.

Paso 3: Multiplica o divide.

Recuerda estos tres pasos: simplifica, suma y/o resta, multiplica o divide. Con ellos podrás resolver una enorme cantidad de ecuaciones con una variable. He aquí cómo hacerlo:

Paso 1: Simplifica ambos lados de la ecuación

Para simplificar una ecuación es preciso primero simplificar su lado izquierdo y luego el derecho. Para simplificar cada uno de los lados debes usar la Secuencia de las Operaciones. Primero, en cada lado, resuelve lo que se encuentra dentro de los paréntesis. Emplea la Propiedad de Distributividad de la Multiplicación con Respecto a la Suma para acabar con los paréntesis. Multiplica y divide. Suma y resta.

$$5x = 3(4 + 1)$$

Simplifica primero el lado izquierdo de la ecuación.
Como no hay nada que simplificar en ese lado, procede al lado derecho. Suma primero lo que hay entre los paréntesis.

$$4 + 1 = 5$$

Cambia $4 + 1$ a 5.

$$5x = 3(5)$$

Luego, multiplica $3(5)$.

$$5x = 15$$

Ahora esta ecuación está lista para ser resuelta.

$$5(x + 2) = 10 + 5$$

Primero simplifica el lado izquierdo de la ecuación. Como no puedes sumar lo que se encuentra dentro de los paréntesis, multiplica $5(x + 2)$ empleando la Propiedad de Distributividad de la Multiplicación con Respecto a la Suma. Multiplica 5 por x y 5 por 2.

$$5(x) + 5(2) = 5x + 10$$

Luego simplifica el lado derecho de la ecuación.

$$10 + 5 = 15$$

Cambia $10 + 5$ a 15.

$$5x + 10 = 15$$

La ecuación está lista para ser resuelta.

$$3x + 4x = 6(2x + 1)$$

Simplifica el lado izquierdo de la ecuación. Suma $3x + 4x$.

$$3x + 4x = 7x$$

Cambia $3x + 4x$ a $7x$.

$$7x = 6(2x + 1)$$

Luego simplifica el lado derecho de la ecuación. Como no puedes sumar $2x + 1$, multiplica $6(2x + 1)$.

$$6(2x + 1) = 12x + 6$$

Cambia $6(2x + 1)$ a $12x + 6$.
$$7x = 12x + 6$$
Esta ecuación está lista para ser resuelta.

$3x + 2x - 4 = 5 + 2 - 3$

Primero simplifica el lado izquierdo de la ecuación.
Combina $3x + 2x$.
$$3x + 2x = 5x$$
Cambia $3x + 2x$ a $5x$.
$$5x - 4 = 5 + 2 - 3$$
Simplifica entonces el lado derecho de la ecuación.
$$5 + 2 - 3 = 4$$
Cambia $5 + 2 - 3$ a 4.
$$5x - 4 = 4$$
La ecuación está lista para ser resuelta.

¡Mira qué fácil es!

$4x + 2x - 7 + 9 + x = 5x - x$

Primero simplifica el lado izquierdo de la ecuación. Suma todos los términos con la misma variable.
$$4x + 2x + x = 7x$$
Cambia $4x + 2x + x$ a $7x$.
$$7x - 7 + 9 = 5x - x$$

Combina los números en el lado izquierdo de la ecuación.

$$-7 + 9 = 2$$

Cambia $-7 + 9$ a 2.

$$7x + 2 = 5x - x$$

Luego simplifica el lado derecho de la ecuación. Resta x de $5x$.

$$5x - x = 4x$$

Cambia $5x - x$ a $4x$.

$$7x + 2 = 4x$$

Esta ecuación está lista para ser resuelta.

Peligro—¡Errores Terribles!

Al simplificar una ecuación con el propósito de resolverla, todo lo que se encuentre al lado izquierdo del signo igual debe permanecer al lado izquierdo.

Todo lo que se encuentre al lado derecho del signo igual debe permanecer al lado derecho.

No mezcles los términos del lado izquierdo de la ecuación con los términos del lado derecho de la ecuación.

RASCACABEZAS 13

Simplifica estas ecuaciones. Recuerda que *Plantar Es Muy Difícil Sin Regar.*

1. $3(x + 2) = 0$

2. $5x + 1 + 2x = 4$

3. $6x = 4 - 1$

4. $3x - 2x = 6 - 7$

5. $2(x + 1) + 2x = 8$

6. $5x - 2x = 3(4 + 1)$

7. $x - 4x = 5 - 2 - 8$

8. $3x - 2x + x - 4 + 3 - 2 = 0$

(Las respuestas están en la página 95).

Paso 2: Suma y resta para resolver ecuaciones con una variable

Una vez que la ecuación queda simplificada, el siguiente paso requiere juntar todas las variables en un lado de la ecuación y todos los números en el otro lado. Para hacer esto, debes sumar y/o restar el mismo número o la misma variable en ambos lados de la ecuación.

Si una ecuación es una oración verdadera, lo que se encuentre a un lado del signo igual es igual a lo que se encuentre al otro lado del signo igual. Tú puedes sumar el mismo número o la misma variable a ambos lados de la ecuación y la nueva ecuación seguirá siendo verdadera. Tú también puedes restar el mismo número o la misma variable en ambos lados de la ecuación y ésta continuará siendo verdadera.

Comienza juntando todas las variables en el lado izquierdo de la ecuación y todos los números en el lado derecho de la ecuación.

$x - 4 = 8$

Todas las variables ya se encuentran al lado izquierdo de la ecuación. Para juntar todos los números en el lado derecho de la ecuación, suma cuatro a ambos lados de la ecuación. ¿Por qué 4? Porque $-4 + 4 = 0$, y tú quedas sólo con x al lado izquierdo. Cuando sumes 4 al lado izquierdo de la ecuación, el -4 desaparecerá. De este modo, todas las variables quedarán al lado izquierdo de la ecuación y todos los números estarán al lado derecho.

$$x - 4 + 4 = 8 + 4$$

Combina los términos.

$$x = 12$$

$x + 5 = 12$

Todas las variables ya se encuentran al lado izquierdo de la ecuación. Para juntar todos los números en el lado derecho de la ecuación, resta cinco en ambos lados. ¿Por qué cinco? Porque $5 - 5 = 0$. Cuando restes cinco al lado izquierdo de la ecuación no quedará allí ni un solo número.

$$x + 5 - 5 = 12 - 5$$

Combina los términos.

$$x = 7$$

$2x = x - 7$

Necesitas juntar todas las variables al lado izquierdo de la ecuación. Para hacerlo, resta x en ambos lados de la ecuación. ¿Por qué x? Porque $x - x = 0$.

$$2x - x = x - 7 - x$$

Ahora, combina los términos.

$$x = -7$$

$4x - 5 = 3x - 1$

Aquí la ecuación tiene variables en ambos lados. Como debes juntarlas en el lado izquierdo, resta $3x$ en ambos lados. ¿Por qué $3x$? Porque $3x - 3x = 0$.

$$4x - 5 - 3x = 3x - 3x - 1$$

Simplifica la ecuación.

$$x - 5 = -1$$

Ahora todas las variables están en al lado izquierdo de la ecuación. Hay, sin embargo, números en ambos lados de la ecuación y debes juntarlos todos en el lado derecho. Para hacerlo, suma cinco a ambos lados de la ecuación. ¿Por qué cinco? Porque $5 - 5 = 0$.

$$x - 5 + 5 = -1 + 5$$

Combina los términos.

$$x = 4$$

Peligo–¡Errores Terribles!

Recuerda: Lo que hagas en un lado de la ecuación, también debes hacerlo en el otro. Ambos lados deben ser trabajados en forma idéntica.

$$x - 5 = -5$$

Si añadiste 5 al lado izquierdo de la ecuación, debes añadir 5 al lado derecho. ¡No puedes añadir 5 a un solo lado!

$$x - 5 + 5 = -5 + 5$$
$$x = 0$$

RASCACABEZAS 14

Resuelve estas ecuaciones sumando o restando el mismo número o variable a cada lado de la ecuación. Junta las variables x en el lado izquierdo y los números en el lado derecho.

1. $x - 3 = 10$

2. $x - (-6) = 12$

3. $-5 + x = 4$

4. $x + 7 = 3$

5. $5 + 2x = 2 + x$

6. $3x + 3 = 3 + 2x$

7. $4x - 4 = -6 + 3x$

8. $5x - 2 = -8 + 4x$

(Las respuestas están en la página 95).

Paso 3: Usa multiplicación/división para resolver ecuaciones

Tú puedes multiplicar un lado de la ecuación por cualquier número siempre que multipliques el otro lado de la ecuación por el mismo número. Ambos lados de la ecuación continuarán siendo idénticos. También puedes dividir un lado de la ecuación por cualquier número siempre que dividas el otro lado de la ecuación por el mismo número.

Una vez que tengas todas las variables a un lado de la ecuación y todos los números al otro lado de la ecuación, ¿cómo puedes saber por cuánto debes multiplicar o dividir? La respuesta: debes escoger el número que te dé una sola x.

Si la ecuación tiene $5x$, divide ambos lados de la ecuación por 5.

Si la ecuación tiene $3x$, divide ambos lados de la ecuación por 3.

Si la ecuación tiene $\frac{1}{2}x$, multiplica ambos lados de la ecuación por $\frac{2}{1}$.

Si la ecuación tiene $\frac{3}{5}x$, multiplica ambos lados de la ecuación por $\frac{5}{3}$.

$$4x = 8$$

Divide por cuatro ambos lados de la ecuación.
¿Por qué cuatro? Porque $4 \div 4 = 1$, de modo que así sólo tendrás una x.

$$4x \div 4 = 8 \div 4$$

Realiza la división.

$$x = 2$$

$$-2x = -10$$

Divide por (-2) ambos lados de la ecuación.
¿Por qué -2? Porque $\frac{-2}{-2} = 1$.

$$\frac{-2x}{-2} = \frac{-10}{-2}$$

Realiza la división.

$$x = 5$$

$$\frac{1}{2}x = 10$$

Mulitplica ambos lados de la ecuación por dos.

¿Por qué dos? Porque $2\left(\frac{1}{2}\right) = 1$.

$$2\left(\frac{1}{2}x\right) = 2(10)$$

Realiza la multiplicación.

$$x = 20$$

$$-\frac{5}{2}x = 10$$

Multiplica por $-\frac{2}{5}$ ambos lados de la ecuación.

¿Por qué $-\frac{2}{5}$? Porque $-\frac{2}{5}\left(-\frac{5}{2}\right) = 1$.

$$-\frac{2}{5}\left(\frac{5}{2}x\right) = -\frac{2}{5}(10)$$

Realiza la multiplicación.

$$x = -4$$

RASCACABEZAS 15

Resuelve estas ecuaciones.

1. $\frac{1}{3}x = 2$

2. $3x = -3$

3. $4x = 0$

4. $\frac{1}{4}x = \frac{1}{2}$

5. $\frac{3}{2}x = -3$

(Las respuestas están en la página 96).

SOLUCIÓN DE MÁS ECUACIONES

Recuerda

Nunca olvides los tres pasos a seguir para resolver una ecuación.

Paso 1: Simplifica cada lado de la ecuación.
Usa la Secuencia de la Operaciones.

Paso 2: Suma y/o resta.
Suma y/o resta el mismo número y/o variable a cada lado de la ecuación.

Paso 3: Multiplica o divide.
Multiplica o divide cada lado de la ecuación por el mismo número.

Aquí tienes el ejemplo de una ecuación que necesita el uso de los tres pasos para ser resuelta.

$3x - x + 3 = 7$

Paso 1: Simplifica la ecuación.
Combina los términos semejantes.
$2x + 3 = 7$

Paso 2: Suma y/o resta.
Resta 3 de cada lado.
$2x + 3 - 3 = 7 - 3$
Realiza la resta.
$2x = 4$

Paso 3: Multiplica y/o divide.
Divide por 2 ambos lados de la ecuación.
$\frac{2x}{2} = \frac{4}{2}$
Realiza la división.
$x = 2$

Aquí viene otro ejemplo. Recuerda los tres pasos.

Paso 1: Simplifica la ecuación.

Paso 2: Suma y/o resta.

Paso 3: Multiplica y/o divide.

$3(x + 5) = 15 + 6$

Paso 1: Simplifica la ecuación.
Multiplica $3(x + 5)$.
$3x + 15 = 15 + 6$
Combina los términos iguales.
$3x + 15 = 21$

Paso 2: Suma y/o resta.
Resta 15 de ambos lados.
$3x + 15 - 15 = 21 - 15$
Realiza la resta.
$3x = 6$

Paso 3: Multiplica y/o divide.
Divide por 3 ambos lados de la ecuación.
$\frac{3x}{3} = \frac{6}{3}$
Realiza la división.
$x = 2$

Aquí hay otro ejemplo.

$2x - 5 + 3x - 1 = 3x + 4$

Paso 1: Combina los términos iguales para simplificar.
$5x - 6 = 3x + 4$

Paso 2: Suma 6 a ambos lados.
$5x - 6 + 6 = 3x + 4 + 6$
Realiza la suma.
$5x = 3x + 10$

Resta $3x$ de ambos lados.
$5x - 3x = 3x + 10 - 3x$
Realiza la resta.
$2x = 10$

Paso 3: Divide por 2 ambos lados.
$\frac{2x}{2} = \frac{10}{2}$
Realiza la división.
$x = 5$

Aquí está un cuarto ejemplo.

$x - \frac{1}{2}x + 5 - 3 = 0$

Paso 1: Combina los términos iguales para simplificar.
$\frac{1}{2}x + 2 = 0$

Paso 2: Resta 2 de ambos lados.
$\frac{1}{2}x + 2 - 2 = 0 - 2$
Realiza la resta.
$\frac{1}{2}x = -2$

Paso 3: Multiplica por 2 ambos lados.

$$2\left(\tfrac{1}{2}x\right) = 2(-2)$$

Realiza las multiplicaciones.

$$x = -4$$

RASCACABEZAS 16

Resuelve cada una de las ecuaciones siguientes.

1. $3(x + 1) = 6$

2. $3x - 5x + x = 3 - 2x$

3. $5x + 3 + x = 3 - 6$

4. $\tfrac{1}{2}x + 5 = 6 - 2$

5. $\tfrac{2}{3}x + 1 = -5$

6. $5(2x - 2) = 3(x - 1) + 7$

(Las respuestas están en la página 97).

Verifica tu trabajo

Cada vez que resuelvas una ecuación, debes verificarla. Calcula el valor de la oración reemplazando la x por el número del resultado. Si ambos lados de la ecuación son iguales, entonces puedes estar seguro de que la respuesta es correcta.

Ejemplo: José resolvió la ecuación $3x + 1 = 10$. Según José, $x = 3$.

Para verificar esto, substituye x por 3.
$3(3) + 1 = 10$

Haz la multiplicación de $3(3)$.
$9 + 1 = 10$

Haz la suma de $9 + 1$.
$10 = 10$
José tenía razón, $x = 3$.

EJEMPLO: Rosa resolvió $3(x + 5) = 10$. Según ella, $x = 2$.

Para verificar, reemplaza x por 2.
$3(2 + 5) = 10$

Suma $2 + 5$.
$3(7) = 10$

Multiplica 3 por 7.
$21 = 10$
Como 21 no equivale a 10, x no puede ser 2.
Rosa cometió un error.

EJEMPLO: María solucionó la ecuación $3x - 2x + 5 = 2$. María afirma que $x = -3$.

Para verificar, substituye x por -3.
$3(-3) - 2(-3) + 5 = 2$

Multiplica $3(-3)$ y $2(-3)$.
$-9 - (-6) + 5 = 2$

Cambia $-(-6)$ a $+6$.
$-9 + 6 + 5 = 2$

Suma.
$2 = 2$
María tenía razón, $x = -3$.

EJEMPLO: Miguel resolvió la ecuación $3(x + 2) = \frac{1}{2}(x - 2)$.
Miguel afirma que $x = 4$.

Para verificar, substituye la x por 4.

$3(4 + 2) = \frac{1}{2}(4 - 2)$

Suma los números dentro de los paréntesis.

$3(6) = \frac{1}{2}(2)$

Multiplica $3(6)$ y $\frac{1}{2}(2)$.

$18 = 1$

Como 18 no es igual a 1, Miguel estaba equivocado; x no es
igual a 4.

Peligro—¡Errores Terribles!

Cuando verificas un problema, determinas si la respuesta
es correcta o no. Sin embargo, si la respuesta es incorrecta,
entonces todo tu trabajo es inservible. Para encontrar la respuesta correcta, deberás seguir todos los pasos necesarios
para resolver el problema de nuevo.

RASCACABEZAS 17

Tres de estos problemas fueron resueltos incorrectamente. ¿Cuáles son? Para encontrarlos, verifica cada uno de los problemas substituyendo la variable por la respuesta.

1. $x + 7 = 10$ $x = 4$

2. $4x = 20$ $x = 5$

3. $2(x - 6) = 0$ $x = 0$

4. $3x + 5 = -4$ $x = -3$

5. $\frac{2}{3}x + 1 = -5$ $x = -9$

6. $4x - 2x - 7 = -1$ $x = -1$

(Las respuestas están en la página 98).

PROBLEMAS VERBALES

La solución de problemas verbales no requiere más que cambiar el español corriente al Idioma Matemático. Una vez que escribas correctamente la matemática del problema, su solución se hace fácil.

¡IDIOMA MATEMÁTICO!

Estas sencillas reglas te ayudarán a cambiar el español corriente al Idioma Matemático.

Regla 1: Cambia *es igual a, equivale a* o cualquiera de estas palabras: *es, son, era, eran, tiene, tienen, tenía y tenían* a un signo igual.

Regla 2: Usa la letra x para representar la frase "un número".

Haz que x = un número. O bien, emplea x para representar lo que no sabes.

EJEMPLO: Un número es dos veces doce.
Cambia "un número" a x.
Cambia "es" a "=".
Cambia "dos veces doce" a "2(12)".
En Idioma Matemático, la oración es $x = 2(12)$.

EJEMPLO: Juan es dos pulgadas más bajo que José. José tiene 62 pulgadas de alto. ¿Qué altura tiene José?
Cambia Juan a "x" ya que su altura es el número desconocido.
Cambia "es" a "=".
Cambia "dos pulgadas más bajo que José" a "José -2".
Cambia José a "62". Juan = José menos dos pulgadas.
En Idioma Matemático, la oración es $x = 62 - 2$.

RASCACABEZAS 18

Cambia el español corriente de las frases siguientes al Idioma Matemático.

1. cinco menos que un número

2. tres más que un número

3. cuatro veces un número

4. un quinto de un número

5. la diferencia entre un número y tres

6. el producto de ocho y un número

7. la suma de cuatro y un número

(Las respuestas están en la página 99).

Mira cómo puedes comenzar a resolver problemas verbales.

PROBLEMA 1: Un número más tres es doce. Encuentra el número.

Cambia esta oración al Idioma Matemático.
Cambia "un número" a "x".
Cambia "más tres" a "$+3$".
Cambia "es" a "$=$".
Cambia "doce" a "12".
$x + 3 = 12$

Resuelve. Resta tres a ambos lados de la ecuación.
$x + 3 - 3 = 12 - 3$

Calcula.
$x = 9$
El número es 9.

PROBLEMA 2: Cuatro veces un número más dos es dieciocho.
Encuentra el número.

Cambia esta oración al Idioma Matemático.
Cambia "un número" a x.
Cambia "cuatro veces un número" a "$4x$".
Cambia "más dos" a "$+2$".
Cambia "es" a "$=$".
Cambia "dieciocho" a "18".
$4x + 2 = 18$

Resuelve. Resta dos a ambos lados de la ecuación.
$4x + 2 - 2 = 18 - 2$

Calcula. Haz la resta.
$4x = 16$

Divide ambos lados de la ecuación por cuatro.
$\frac{4x}{4} = \frac{16}{4}$

Calcula. Divide.
$x = 4$
El número es 4.

PROBLEMA 3: Dos veces el número relativo mayor de dos
números relativos consecutivos es tres más tres veces el número
relativo menor. Encuentra el valor de ambos números relativos.

Cambia el español al Idioma Matemático.
Dato: Dos números relativos consecutivos son x y $x + 1$,
siendo x el número relativo menor y $x + 1$ el número relativo
mayor.

Cambia "dos veces el número relativo mayor de dos números
relativos consecutivos" a "$2(x + 1)$".
Cambia "es" a "$=$".
Cambia "tres más" a "$3 +$".
Cambia "tres veces el número relativo menor" a "$3x$".
$2(x + 1) = 3 + 3x$

Simplifica mediante multiplicación y la Propiedad de
Distributividad.
$2x + 2 = 3 + 3x$

Resta $2x$ en ambos lados.
$2x - 2x + 2 = 3 + 3x - 2x$

Calcula mediante resta.
$2 = 3 + x$

Resta 3 en ambos lados.
$2 - 3 = 3 - 3 + x$

Calcula mediante resta.
$x = -1$

Los dos números relativos consecutivos son x y $x + 1$.
Los dos números relativos consecutivos son -1 y 0.

SUPERRASCACABEZAS

Encuentra x en las ecuaciones siguientes.

1. $4x - (2x - 3) = 0$

2. $5(x - 2) = 6(2x + 1)$

3. $4x - 2x + 1 = 5 + x - 7$

4. $\frac{1}{2}x = \frac{1}{4}x + 2$

5. $6(x - 2) - 3(x + 1) = 4(3 + 2)$

(Las respuestas están en la página 99).

RASCACABEZAS—
RESPUESTAS

Rascacabezas 13, página 77

1. $3x + 6 = 0$

2. $7x + 1 = 4$

3. $6x = 3$

4. $x = -1$

5. $4x + 2 = 8$

6. $3x = 15$

7. $-3x = -5$

8. $2x - 3 = 0$

Rascacabezas 14, página 80

1. $$x - 3 = 10$$
$$x - 3 + 3 = 10 + 3$$
$$x = 13$$

2. $$x - (-6) = 12$$
$$x - (-6) + (-6) = 12 - 6$$
$$x = 6$$

3. $$-5 + x = 4$$
$$-5 + 5 + x = 4 + 5$$
$$x = 9$$

4. $$x + 7 = 3$$
$$x + 7 - 7 = 3 - 7$$
$$x = -4$$

5. $$5 + 2x = 2 + x$$
$$5 - 5 + 2x - x = 2 - 5 + x - x$$
$$x = -3$$

6. $$3x + 3 = 3 + 2x$$
$$3x - 2x + 3 - 3 = 3 - 3 + 2x - 2x$$
$$x = 0$$

7. $$4x - 4 = -6 + 3x$$
$$4x - 3x - 4 + 4 = -6 + 4 + 3x - 3x$$
$$x = -2$$

8. $$5x - 2 = -8 + 4x$$
$$5x - 4x - 2 + 2 = -8 + 2 + 4x - 4x$$
$$x = -6$$

Rascacabezas 15, página 83

1. $$\frac{1}{3}x = 2$$
$$3\left(\frac{1}{3}x\right) = 3(2)$$
$$x = 6$$

2. $$3x = -3$$
$$3\left(\frac{x}{3}\right) = \frac{-3}{3}$$
$$x = -1$$

3. $$4x = 0$$
$$\frac{4x}{4} = \frac{0}{4}$$
$$x = 0$$

4. $\frac{1}{4}x = \frac{1}{2}$

$$4\left(\frac{1}{4}x\right) = 4\left(\frac{1}{2}\right)$$

$$x = 2$$

5. $\frac{3}{2}x = -3$

$$\frac{2}{3}\left(\frac{3}{2}x\right) = \frac{2}{3}(-3)$$

$$x = -2$$

Rascacabezas 16, página 86

1. $3(x + 1) = 6$

$$3x + 3 = 6$$

$$3x = 3$$

$$x = 1$$

2. $3x - 5x + x = 3 - 2x$

$$-x = 3 - 2x$$

$$x = 3$$

3. $5x + 3 + x = 3 - 6$

$$6x + 3 = -3$$

$$6x = -6$$

$$x = -1$$

4. $\frac{1}{2}x + 5 = 6 - 2$

$$\frac{1}{2}x + 5 = 4$$

$$\frac{1}{2}x = -1$$

$$x = -2$$

5. $\frac{2}{3}x + 1 = -5$

$$\frac{2}{3}x = -6$$
$$x = -9$$

6. $5(2x - 2) = 3(x - 1) + 7$

$$10x - 10 = 3x - 3 + 7$$
$$10x - 10 = 3x + 4$$
$$7x = 14$$
$$x = 2$$

Rascacabezas 17, página 90

1. $x + 7 = 10; x = 4$

$$(4) + 7 = 10$$
$$10 = 11$$

Este problema está resuelto incorrectamente.

2. $4x = 20; x = 5$

$$4(5) = 20$$
$$20 = 20$$

Correcto.

3. $2(x - 6) = 0; x = 0$

$$2(0 - 6) = 0$$
$$2(-6) = 0$$
$$-12 = 0$$

Este problema está resuelto incorrectamente.

4. $3x + 5 = -4; x = -3$

$$3(-3) + 5 = -4$$
$$-9 + 5 = -4$$
$$-4 = -4$$

Correcto.

5. $\frac{2}{3}x + 1 = -5; x = -9$

$\frac{2}{3}(-9) + 1 = -5$

$-6 + 1 = -5$

Correcto.

6. $4x - 2x - 7 = -1; x = -1$

$4(-1) - 2(-1) - 7 = -1$

$-4 + 2 - 7 = -1$

$-9 = -1$

Este problema está resuelto incorrectamente.

Rascacabezas 18, página 92

1. $x - 5$

2. $x + 3$

3. $4x$

4. $\frac{1}{5}x$ or $\frac{x}{5}$

5. $x - 3$

6. $8(x)$

7. $4 + x$ or $x + 4$

Superrascacabezas, página 94

1. $x = -\frac{3}{2}$

2. $x = -\frac{16}{7}$

3. $x = -3$

4. $x = 8$

5. $x = \frac{35}{3}$

CAPÍTULO CUATRO

Solución de desigualdades

Una desigualdad es una oración en la cual un lado de la expresión es mayor o menor que el otro lado de la expresión. Las desigualdades tienen signos para las cuatro distintas expresiones.

> significa mayor que.
< significa menor que.
≥ significa mayor o igual a.
≤ significa menor o igual a.

Observa que el signo para *mayor o igual a,* ≥, no es más que el signo de *mayor que* con la mitad de un signo *igual* en su base. Del mismo modo, el signo para *menor o igual a,* ≤, es un signo *menor que* con la mitad de un signo *igual* en su base. Observa además que el signo ≥ se lee "mayor o igual a", y no "mayor *e* igual a". Ningún número puede ser al mismo tiempo mayor que un número y al mismo tiempo igual a él.

¡IDIOMA MATEMÁTICO!

Cambia del Idioma Matemático a español corriente las desigualdades siguientes.

$$4 > 0$$
Cuatro es mayor que 0.

$$-3 \geq -7$$
Tres negativo es mayor que o igual a siete negativo.

$$2 < 5$$
Dos es menor que cinco.

$$-6 \leq 4$$
Seis negativo es menor que o igual a cuatro.

$$8 \leq 8$$
Ocho es menor que o igual a ocho.

Una desigualdad puede ser verdadera o falsa. Aquí tienes ejemplos de desigualdades verdaderas.

La desigualdad $3 > 1$ es verdadera, ya que tres es mayor que uno.

La desigualdad $5 < 10$ es verdadera, ya que cinco es menor que diez.

La desigualdad $-6 \leq -6$ es verdadera si seis negativo es igual que o menor que seis negativo. Ya que seis negativo es igual a seis negativo, esta oración es verdadera.

Y aquí tienes ejemplos de desigualdades falsas.

La desigualdad $5 > 10$ no es verdadera porque cinco no es mayor que diez.

La desigualdad $-6 \leq -9$ no es verdadera porque seis negativo no es menor que nueve negativo y porque seis negativo no es igual a nueve negativo.

RASCACABEZAS 19

¿Son las siguientes ecuaciones verdaderas o falsas?

___ 1. $3 > 4$ ___ 4. $-6 \leq -1$

___ 2. $6 \geq 6$ ___ 5. $0 \leq 0$

___ 3. $0 < -4$

(Las respuestas están en la página 126).

A veces un lado de una desigualdad tiene una variable. La desigualdad indica si la variable es mayor, menor o igual a un número determinado.

¡IDIOMA MATEMÁTICO!

Mira cómo puedes cambiar del Idioma Matemático al español corriente las desigualdades siguientes.

$$x > 4$$
Un número misterioso es mayor que cuatro.

$$x < -1$$
Un número misterioso es menor que uno negativo.

$$x \leq -2$$
Un número misterioso es menor que o igual a dos negativo.

$$x \geq 0$$
Un número misterioso es mayor que o igual a cero.

Si una desigualdad tiene una variable, algunos números la harán verdadera mientras que otros la harán falsa. Por ejemplo, considera a $x > 2$. Si x es igual a 3, 4 o 5, esta desigualdad es verdadera. Es hasta verdadera si x es igual a $2\frac{1}{2}$. Pero $x > 2$ es falsa si x es igual a 0, -1, o -2. La desigualdad $x > 2$ llega a ser falsa aun si x es igual a dos, ya que dos no puede ser mayor que dos.

Si una desigualdad indica, por ejemplo, que "x es mayor que uno $(x > 1)$", esto significa que x puede ser cualquier número mayor que uno, incluyendo una fracción mayor que uno, tal como sería 1,1 o 1,567 o 1.000.001,5, e incluso la raíz cuadrada de dos.

GRÁFICOS DE DESIGUALDADES

A menudo se usan gráficos para ilustrar desigualdades con una variable. El gráfico te da una imagen rápida de todos los números misteriosos sobre la línea numérica que pueden ser correctos. Cuando hagas un gráfico de una desigualdad sobre una línea numérica, debes seguir tres pasos.

Paso 1: Ubica el número de la desigualdad en la línea numérica.

Paso 2: Si la desigualdad es $>$ o $<$, haz un círculo alrededor del número.
Si la desigualdad es $\geq$ o $\leq$, haz un círculo alrededor del número y sombrea el círculo.

Paso 3: Si la desigualdad es $>$ o $\geq$, sombrea la línea numérica a la derecha del número. Si la desigualdad es $<$ o $\leq$, sombrea la línea numérica a la izquierda del número.

Veamos ahora un ejemplo:

$x > 2$

Paso 1: Ubica el número de la desigualdad en la línea numérica. El número dos está marcado en la línea numérica.

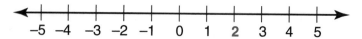

Paso 2: Si la desigualdad es $>$ o $<$, haz un círculo alrededor del número.

Si la desigualdad es $\geq$ o $\leq$, haz un círculo alrededor del número y sombréalo.

Haz un círculo alrededor del número dos. Cuando el número es circundado, significa que no está incluido en el gráfico.

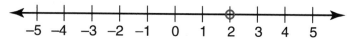

Paso 3: Si la desigualdad es $>$ o $\geq$, sombrea la línea numérica a la derecha del número.

Si la desigualdad es $<$ o $\leq$, sombrea la línea numérica a la izquierda del número.

Como la desigualdad es $x > 2$, sombrea la línea numérica a la derecha del número dos. Nota que todos los números quedan sombreados, incluyendo las fracciones. Todos los números a la derecha del dos son mayores que dos.

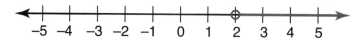

Aquí hay otro ejemplo:

$x \leq -1$

Paso 1: Ubica el número de la desigualdad en la línea numérica. El uno negativo es marcado en la línea numérica.

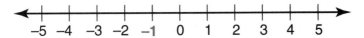

Paso 2: Si la desigualdad es > o <, haz un círculo alrededor del número. Si la desigualdad es ≥ o ≤, haz un círculo alrededor del número y sombréalo.
Como la desigualdad es $x \leq -1$, circunda y sombrea el número -1.
Cuando el -1 se circunda y sombrea, significa que queda incluido en el gráfico.

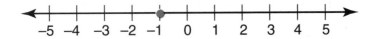

Paso 3: Si la desigualdad es > o ≥, sombrea la línea numérica a la derecha del número.
Si la desigualdad es < o ≤, sombrea la línea numérica a la izquierda del número.
Como el gráfico es $x \leq -1$, sombrea la línea numérica a la izquierda del número -1.

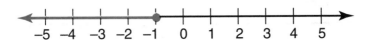

Un ejemplo más:

$y \geq 0$

Paso 1: Ubica el número de la desigualdad en la línea numérica.
El cero es marcado en la línea numérica.

Paso 2: Si la desigualdad es $>$ o $<$, haz un círculo alrededor del número.
Si la desigualdad es $\geq$ o $\leq$, haz un círculo alrededor del número y sombréalo.
Circunda y sombrea el cero, ya que está incluido en el gráfico.

Paso 3: Si la desigualdad es $>$ o $\geq$, sombrea la línea numérica a la derecha del número.
Si la desigualdad es $<$ o $\leq$, sombrea la línea numérica a la izquierda del número.
Como la ecuación es $y \geq 0$, sombrea toda la línea numérica a la derecha del cero.

¡IDIOMA MATEMÁTICO!

Así es como debes leer estos gráficos en español corriente:

x es mayor que o igual a dos negativo.
$$x \geq -2$$

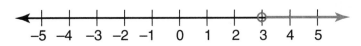

x es mayor que tres.
$$x > 3$$

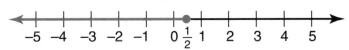

x es menor que o igual a un medio.
$$x \leq \tfrac{1}{2}$$

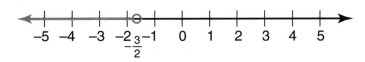

x es menor que tres cuartos negativo.
$$x < -\tfrac{3}{2}$$

RASCACABEZAS 20

Pon en los gráficos las desigualdades siguientes.

____ 1. $x > 2$

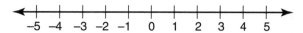

____ 2. $x < -2$

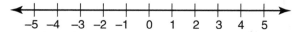

____ 3. $x \geq 2$

____ 4. $x \geq -2$

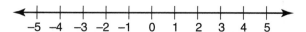

____ 5. $x \leq -2$

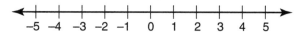

____ 6. $x < 2$

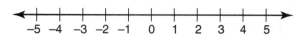

(Las respuestas están en la página 126).

SOLUCIÓN DE DESIGUALDADES

Resolver desigualdades es *casi* igual a resolver ecuaciones.
Pero hay un par de diferencias importantes y, por eso, pon
atención.

Sigue los mismos tres pasos que seguiste para resolver ecuaciones, pero ahora añade un paso más.

Paso 1: Simplifica cada lado de la desigualdad empleando la
Secuencia de las Operaciones. La simplificación de
cada lado de la desigualdad es un procedimiento de dos
etapas: simplifica primero el lado izquierdo y luego el
derecho.

Paso 2: Suma y/o resta números y/o términos variables a ambos
lados de la desigualdad. Junta todas las variables en un
lado de la desigualdad y todos los números en el otro
lado de la desigualdad.

Paso 3: Multiplica o divide ambos lados de la desigualdad
por el mismo número. Ahora cuidado, que aquí hay una
diferencia clave: *si tú multiplicas o divides por un
número negativo, debes invertir la dirección de la
desigualdad.*

Paso 4: Indica la respuesta en la línea numérica del gráfico.

Ahora estás listo para resolver una desigualdad. Aquí tienes tres ejemplos.

$2(x - 1) > 4$

Paso 1: Simplifica cada lado de la desigualdad.
Multiplica $(x - 1)$ por 2.
$2(x - 1) = 2x - 2$
La desigualdad es ahora $2x - 2 > 4$.

Paso 2: Suma o resta el mismo número a ambos lados de la desigualdad.
Suma 2 a ambos lados de la desigualdad. ¿Por qué 2?
Porque así todos los números quedan a la derecha de la desigualdad.
$2x - 2 + 2 > 4 + 2$

Simplifica.
$2x > 6$

Paso 3: Multiplica o divide ambos lados de la desigualdad por el mismo número.
Divide ambos lados de la ecuación por 2. ¿Por qué 2?
Porque necesitas tener x a un lado de la ecuación.
$\frac{2x}{2} > \frac{6}{2}$
$x > 3$

Paso 4: Indica la respuesta en la línea numérica del gráfico.
Haz un círculo alrededor del número 3 en la línea numérica. Al circundar el 3 estás indicando que 3 no está incluido en el gráfico.
Sombrea la línea numérica a la derecha del número 3, ya que la desigualdad indica que x es mayor que 3.
Todos los números mayores que 3 harán verdadera la desigualdad $2(x - 1) > 4$.

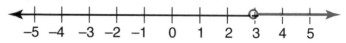

$2x - 5x + 4 \leq 10$

Paso 1: Simplifica cada lado de la desigualdad.
Combina los términos iguales al lado izquierdo de la desigualdad.
$-3x + 4 \leq 10$

Paso 2: Suma o resta el mismo número a ambos lados de la desigualdad.
Resta 4 a ambos lados de la desigualdad. ¿Por qué 4? Porque así todos los números quedan al lado derecho de la desigualdad.
$-3x + 4 - 4 \leq 10 - 4$
Calcula.
$-3x \leq 6$

Paso 3: Multiplica o divide ambos lados de la ecuación por el mismo número.
Divide ambos lados de la desigualdad por -3. ¿Por qué -3? Porque necesitas tener sólo una x al lado izquierdo de la ecuación. Como estás dividiendo por un número negativo, debes invertir la dirección de la desigualdad.
$\dfrac{-3x}{-3} \geq \dfrac{6}{-3}$
Calcula.
$x \geq -2$

Paso 4: Indica la respuesta en la línea numérica del gráfico.
Circunda el número -2 en la línea numérica. Sombrea el círculo. Al circundar y sombrear -2 estás indicando que -2 está incluido en el gráfico.
Sombrea la línea numérica a la derecha del número -2, puesto que la desigualdad indica que x es mayor que -2. Todos los números mayores que o iguales a -2 harán verdadera la desigualdad $2x - 5x + 4 \leq 10$.

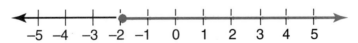

Peligro—¡Errores Terribles!

Cada vez que multipliques o dividas una desigualdad por un número negativo, debes cambiar la dirección de esa desigualdad. Cuando multipliques o dividas una desigualdad por un número negativo,

$>$ cambia a $<$;
$\geq$ cambia a $\leq$;
$<$ cambia a $>$;
$\leq$ cambia a $\geq$.

Ejemplo: $-4x > 16$
Para resolver esta ecuación, divide ambos lados por -4.

$$\frac{-4x}{-4} > \frac{16}{-4}$$
$$x < -4$$

$-\frac{1}{2}(x - 10) \geq 7$

Paso 1: Simplifica cada lado de la desigualdad.

Simplifica el lado izquierdo de la desigualdad. Multiplica $(x - 10)$ por $-\frac{1}{2}$. Como estás multiplicando solamente un lado de la ecuación por un número negativo $\left(-\frac{1}{2}\right)$, no inviertas el signo de desigualdad.

$-\frac{1}{2}x + 5 \geq 7$

Al lado derecho de la desigualdad no hay nada para simplificar.

Paso 2: Suma o resta el mismo número a ambos lados de la desigualdad.

Resta 5 de ambos lados de la desigualdad. ¿Por qué 5? Porque necesitas agrupar todos los números en el lado derecho.

$-\frac{1}{2}x + 5 - 5 \geq 7 - 5$

Calcula.

$-\frac{1}{2}x \geq 2$

Paso 3: Multiplica o divide ambos lados de la desigualdad por el mismo número.

Multiplica ambos lados de la desigualdad por -2.

¿Por qué -2? Porque necesitas tener sólo una x al lado izquierdo de la desigualdad. Recuerda que debes invertir la dirección de la desigualdad ya que estás multiplicando ambos lados de la desigualdad por un número negativo.

$$-2\left(-\tfrac{1}{2}x\right) \leq -2(2)$$

Calcula.

$$x \leq -4$$

Paso 4: Indica la respuesta en la línea numérica del gráfico.

Haz un círculo alrededor de -4 en la línea numérica. Sombrea el círculo. El sombreado significa que -4 está incluido en el gráfico.

Sombrea la línea numérica a la izquierda de -4, ya que la desigualdad indica que x es menor que -4.

Todos los números menores que o iguales a -4 harán verdadera la desigualdad $-\tfrac{1}{2}(x - 10) \geq 7$.

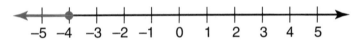

RASCACABEZAS 21

Para encontrar la solución de las ecuaciones siguientes, todo lo que tienes que hacer es multiplicar o dividir ambos lados de la ecuación por el mismo número. Algunos necesitan cambio de signo mientras que otros no. Pon una "C" en la raya cuando debas cambiar el signo.

_____ 1. $3x > 9$

_____ 2. $-2x \geq 10$

_____ 3. $-\frac{3}{2}x < -12$

_____ 4. $\frac{1}{2}x \leq 4$

_____ 5. $5x > -15$

_____ 6. $-2x > 0$

_____ 7. $\frac{1}{3}x \geq 9$

(Las respuestas están en la página 127).

RECUERDA

Cuando resuelvas una desigualdad con una variable, sigue estos pasos:

Paso 1: Simplifica ambos lados de la desigualdad. Combina los términos iguales.

Paso 2: Suma o resta el mismo número o variable en ambos lados de la desigualdad. Asegúrate de tener todas las variables a un lado de la desigualdad y todos los números al otro lado de la desigualdad.

Paso 3: Multiplica o divide ambos lados de la desigualdad por el mismo número. El objetivo consiste en tener la x sola en un lado de la desigualdad. Si tú multiplicas o divides por un número negativo, debes invertir la dirección de la desigualdad.

RASCACABEZAS 22

Resuelve estas desigualdades.

1. $3x + 5 > 7$

2. $-\frac{1}{2}x - 2 > 8$

3. $4(x - 2) < 8$

4. $-5(x - 1) < 5(x + 1)$

5. $4x + 2 - 4x \geq 5 - x - 4$

6. $\frac{1}{3}x - 2 \leq \frac{2}{3}x - 6$

(Las respuestas están en la página 127).

Verifica tu trabajo

Para asegurarte de que resolviste correctamente una desigualdad, sigue estos sencillos pasos.

Paso 1: Cambia el signo de desigualdad en el problema a un signo igual.

Paso 2: Substituye la variable por el número de la respuesta. Si la oración es verdadera, continúa al paso siguiente. Si la oración no es verdadera, PARA. La respuesta es incorrecta.

Paso 3: Substituye la variable por un cero para verificar la dirección de la desigualdad.

Ejemplo: El problema era $x + 3 > 4$. Marta piensa que la respuesta es $x > 1$. Determina si Marta tiene razón o no.

Cambia primero el problema a una ecuación.
$x + 3 > 4$ se convierte en $x + 3 = 4$.
Substituye x por la respuesta (es decir, 1).
$1 + 3 = 4$
Esta es una oración verdadera.

Verifica ahora la dirección de la desigualdad substituyendo x por 0.
$0 + 3 > 4$
Esto no es verdadero y por eso 0 no es parte de la solución. Si cero fuese parte de la solución, la respuesta sería $x < 1$. Pero el hecho de que cero no sea parte de la solución significa que la respuesta correcta es $x > 1$.
Marta tenía razón.

PROBLEMAS VERBALES

La mayor complicación cuando resuelves problemas verbales con desigualdades es el cambio del español corriente al Idioma Matemático. El problema es que hay varias palabras distintas en nuestro idioma que significan lo mismo, lo cual puede crear confusión. Al resolver desigualdades, cualquiera de estas frases puede aparecer.

Si oyes estas frases, usa ">":

. . . es más que . . .
. . . es más grande que . . .
. . . es mayor que . . .

Si oyes estas frases, usa "<":

. . . es menor que . . .
. . . es más pequeño que . . .
. . . es menos que . . .

Si oyes estas frases, usa "≥":

. . . mayor que o igual a . . .
. . . por lo menos . . .

Si oyes estas frases, usa "≤":

. . . menor que o igual a . . .
. . . no es mayor que . . .

¡IDIOMA MATEMÁTICO!

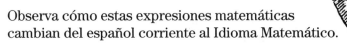

Observa cómo estas expresiones matemáticas
cambian del español corriente al Idioma Matemático.

Dos veces el número no es más que seis.
$$2x \leq 6$$

Dos más el número es por lo menos cuatro.
$$2 + x \geq 4$$

*Tres menos que el número es menos que tres veces
el número.*
$$x - 3 < 3x$$

Un cuarto de un número es mayor que tres.
$$\tfrac{1}{4}x > 3$$

Aquí hay cuatro problemas con sus soluciones. Estudia cada
uno de ellos.

PROBLEMA 1: El producto de cinco y un número es menos que
cero.

Primero cambia el español corriente al Idioma Matemático.
Cambia "el producto de cinco y un número" a "$5x$".
Cambia "menos que" a "<".
Cambia "cero" a "0".
En Idioma Matemático, el problema es ahora $5x < 0$.

Divide ambos lados por 5.
$$\frac{5x}{5} < \frac{0}{5}$$
$$x < 0$$
El número misterioso es menos que cero.

PROBLEMA 2: La suma de dos números consecutivos es por lo menos trece. ¿Qué número es el primer número?

Cambia primero el español corriente al Idioma Matemático.
Cambia "la suma de dos números consecutivos" a
"$x + (x + 1)$".
Cambia "es por lo menos" a "$\geq$".
Cambia "trece" a "13".
En Idioma Matemático, el problema es ahora
$x + (x + 1) \geq 13$.

Resuelve el problema. Primero simplifica.
$x + x + 1 \geq 13$ se convierte en $2x + 1 \geq 13$.
Resta uno a ambos lados de la ecuación.
$2x + 1 - 1 \geq 13 - 1$
$$2x \geq 12$$
$$x \geq 6$$

El primero de los dos números consecutivos debe ser mayor que o igual a seis.

PROBLEMA 3: Tres veces un número más uno no es mayor que diez. ¿Cuál es ese número?

Cambia primero el problema del español corriente al Idioma Matemático.
Cambia "tres veces un número" a "$3x$".
Cambia "más uno" a "$+ 1$".
Cambia "no es mayor que" a "$\leq$".
Cambia "diez" a "10".
En Idioma Matemático el problema es ahora $3x + 1 \leq 10$.

Resuelve ahora la desigualdad.
Resta uno a ambos lados de la desigualdad.
$3x + 1 - 1 \leq 10 - 1$
$$3x \leq 9$$

Divide ambos lados por tres.
$$\frac{3x}{3} \leq \frac{9}{3}$$
$$x \leq 3$$
El número misterioso no es mayor que tres.

PROBLEMA 4: La mitad de un número es mayor que cinco. ¿Cuál es el número?

Cambia primero el problema del español corriente al Idioma Matemático.

Cambia "la mitad de un número" a "$\frac{1}{2}x$".

Cambia "es mayor que" a "$>$".

Cambia "cinco" a "5".

En Idioma Matemático el problema es ahora $\frac{1}{2}x > 5$.

Resuelve ahora la desigualdad.

Multiplica ambos lados de la desigualdad por dos.

$$2\left(\tfrac{1}{2}x\right) > 2(5)$$
$$x > 10$$

El número misterioso es mayor que diez.

SUPERRASCACABEZAS

Encuentra las x.

1. $5(x - 2) > 6(x - 1)$

2. $3(x + 4) < 2x - 1$

3. $\frac{1}{4}x - \frac{1}{2} < \frac{1}{2}$

4. $-2(x - 3) > 0$

5. $-\frac{1}{2}(2x + 2) < 5$

(Las respuestas están en la página 129).

RASCACABEZAS—RESPUESTAS

Rascacabezas 19, página 105

1. Falsa

2. Verdadera

3. Falsa

4. Verdadera

5. Verdadera

Rascacabezas 20, página 112

Pon en el gráfico las desigualdades siguientes.

_____ 1. $x > 2$

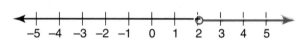

_____ 2. $x < -2$

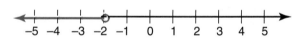

_____ 3. $x \geq 2$

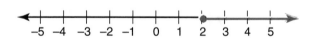

_____ 4. $x \geq -2$

_____ 5. $x \le -2$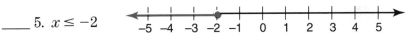

_____ 6. $x < 2$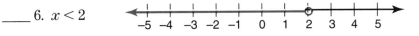

Rascacabezas 21, página 118

1. (sin cambio)

2. C

3. C

4. (sin cambio)

5. (sin cambio)

6. C

7. (sin cambio)

Rascacabezas 22, página 120

1. $$3x + 5 > 7$$
$$3x + 5 - 5 > 7 - 5$$
$$3x > 2$$
$$\frac{3x}{3} > \frac{2}{3}$$
$$x > \frac{2}{3}$$

2. $$-\frac{1}{2}x - 2 > 8$$
$$-\frac{1}{2}x - 2 + 2 > 8 + 2$$
$$-\frac{1}{2}x > 10$$
$$(-2)\left(-\frac{1}{2}x\right) < (-2)(10)$$
$$x < -20$$

3. $4(x - 2) < 8$

$4x - 8 < 8$

$4x - 8 + 8 < 8 + 8$

$4x < 16$

$x < 4$

4. $-5(x - 1) < 5(x + 1)$

$-5x + 5 < 5x + 5$

$5x + 5 - 5 < 5x + 5 - 5$

$-5x < 5x$

$-5x + 5x < 5x + 5x$

$0 < 10x$

$\frac{0}{10} < \frac{10x}{10}$

$0 < x$

5. $4x + 2 - 4x \geq 5 - x - 4$

$2 \geq 1 - x$

$2 - 1 \geq 1 - 1 - x$

$1 \geq -x$

$-1 (1) \leq -1 (-x)$

$-1 \leq x$

6. $\frac{1}{3}x - 2 \leq \frac{2}{3}x - 6$

$\frac{1}{3}x - 2 + 2 \leq \frac{2}{3}x - 6 + 2$

$\frac{1}{3}x \leq \frac{2}{3}x - 4$

$\frac{1}{3}x - \frac{2}{3}x \leq \frac{2}{3}x - \frac{2}{3}x - 4$

$-\frac{1}{3}x \leq -4$

$(-3)\left(-\frac{1}{3}x\right) \geq (-3)(-4)$

$x \geq 12$

Superrascacabezas, página 125

1. $x < -4$

2. $x < -13$

3. $x < 4$

4. $x < 3$

5. $x > -6$

CAPÍTULO CINCO

Exponentes

Los exponentes son un modo abreviado de escribir múltiples multiplicaciones. La expresión $2 \cdot 2 \cdot 2 \cdot 2 \cdot 2 \cdot 2$ se lee dos por dos por dos por dos por dos por dos. Pero en vez de escribir y leer todo eso, los matemáticos dicen 2^6, es decir, dos elevado a seis veces. La expresión 2^6 (llamada *potencia*) requiere multiplicar 2 por sí mismo seis veces. En la expresión 2^6, 2 es la *base* y 6 es el *exponente*. Cuando oigas la palabra "exponente", piensa en abreviación, pues se trata de abreviar numerosas multiplicaciones.

¡IDIOMA MATEMÁTICO!

Mira cómo el Idioma Matemático cambia a español corriente en estas expresiones.

$$4^2$$
cuatro elevado a dos
cuatro al cuadrado
cuatro veces cuatro

$$5^3$$
cinco elevado a tres
cinco al cubo
cinco por cinco por cinco

$$6^4$$
seis elevado a cuatro
seis por seis por seis por seis

$$x^5$$
x elevado a cinco
x por x por x por x por x

RASCACABEZAS 23

Conecta los problemas de multiplicación a la izquierda con los resultados a la derecha.

____ 1. $(3)(3)(3)(3)$ A. x^4

____ 2. $7 \cdot 7 \cdot 7 \cdot 7 \cdot 7$ B. 5^3

____ 3. dos al cuadrado   C. 7^5

____ 4. $4(4)$ D. 3^4

____ 5. $(x)(x)(x)(x)$ E. 2^2

____ 6. cinco al cubo   F. 4^2

(Las respuestas están en la página 158).

Peligro—¡Errores Terribles!

3^2 *es tres veces tres, es decir, nueve.*
$$3^2 = 3(3) = 9$$

3^2 *no es tres por dos, es decir, seis.*
$$3^2 \neq 3(2) = 6$$

Tú puedes calcular el valor de las potencias mediante la multiplicación.

$$2^2 = 2(2) = 4$$
$$2^3 = 2(2)(2) = 8$$
$$2^4 = 2(2)(2)(2) = 16$$
$$2^5 = 2(2)(2)(2)(2) = 32$$
$$3^2 = 3 \times 3 = 9$$
$$3^3 = 3 \times 3 \times 3 = 27$$

Cuando elevas un número negativo al cuadrado, la respuesta es siempre positiva. Un número negativo multiplicado por otro número negativo será un número positivo.

$$(-2)^2 = (-2)(-2) = +4$$
$$(-3)^2 = (-3)(-3) = +9$$

Un número negativo elevado al cubo siempre será negativo.

$$(-2)^3 = (-2)(-2)(-2) = -8$$
$$(-3)^3 = (-3)(-3)(-3) = -27$$

Un número negativo elevado a cualquier número par será siempre un número positivo. Un número negativo elevado a cualquier número impar será siempre un número negativo.

$$(-1)^{17} = -1$$
$$(-1)^{10} = +1$$
$$(-1)^{25} = -1$$
$$(-1)^{99} = -1$$
$$(-1)^{100} = 1$$
$$(-2)^{2} = 4$$
$$(-2)^{3} = -8$$
$$(-2)^{4} = 16$$
$$(-2)^{5} = -32$$
$$(-2)^{6} = 64$$
$$(-2)^{7} = -128$$

Elevación a cero

Cualquier número elevado a cero es uno.

EJEMPLO:
$$6^{0} = 1$$
$$4^{0} = 1$$
$$a^{0} = 1$$

RASCACABEZAS 24

Calcula el valor de estas potencias.

1. 5^2 6. $(-3)^2$

2. 2^6 7. $(-5)^3$

3. 10^2 8. $(-4)^2$

4. 4^3 9. $(-1)^5$

5. 5^0 10. $(-1)^{12}$

(Las respuestas están en la página 158).

MULTIPLICACIÓN DE EXPONENTES CON COEFICIENTES

Algunas potencias tienen coeficientes delante de ellas. La potencia se multiplica por el coeficiente. En la expresión $3(5)^2$,

> 3 es el coeficiente;
> 5 es la base;
> 2 es el exponente.

En la expresión $2y^3$,

> 2 es el coeficiente;
> y es la base;
> 3 es el exponente.

En la expresión $(5x)^2$,

> 1 es el coeficiente;
> $5x$ es la base;
> 2 es el exponente.

Para calcular el valor de una potencia con un coeficiente, calcula primero la potencia. Luego, multiplícala por el coeficiente. Calcula el valor de las potencias siguientes.

$5(3)^2$

Primero, resuelve tres al cuadrado.
$$3^2 = 9$$

Substituye 3^2 por 9.
$$5(9) = 45$$

Así, $5(3)^2 = 45$.

$-3(-2)^2$

Primero, resuelve dos negativo al cuadrado.
$$(-2)(-2) = 4$$

Substituye $(-2)^2$ por 4.
$$-3(4) = -12$$

Así, $-3(-2)^2 = -12$.

$2(5 - 3)^2$

Primero trabaja dentro de los paréntesis.
$$5 - 3 = 2$$

Substituye $5 - 3$ por 2.
$$2(2)^2$$

Resuelve dos al cuadrado.
$$2^2 = 4$$

Substituye 2^2 for 4.
$$2(4)$$

Multiplica.
$$2(4) = 8$$

Así, $2(5 - 3)^2 = 8$.

RASCACABEZAS 25

Calcula el valor de las potencias siguientes.

1. $3(5)^2$

2. $-4(3)^2$

3. $2(-1)^2$

4. $3(-1)^3$

5. $5(-2)^2$

6. $-\frac{1}{2}(-4)^2$

7. $-2(-3)^2$

8. $-3(-3)^3$

(Las respuestas están en la página 159).

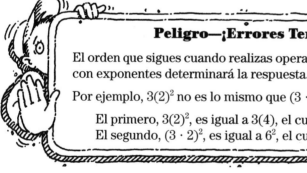

Peligro—¡Errores Terribles!

El orden que sigues cuando realizas operaciones matemáticas con exponentes determinará la respuesta.

Por ejemplo, $3(2)^2$ no es lo mismo que $(3 \cdot 2)^2$.

El primero, $3(2)^2$, es igual a $3(4)$, el cual es igual a 12.
El segundo, $(3 \cdot 2)^2$, es igual a 6^2, el cual es igual a 36.

SUMA Y RESTA DE POTENCIAS

Tú puedes restar y sumar potencias si éstas tienen la misma base y el mismo exponente. Todo lo que debes hacer es sumar o restar los coeficientes.

$2(a^3) + 5(a^3)$
Asegúrate de que las potencias tengan la misma base y el mismo exponente.

La letra a es la base en ambos casos.
El número 3 es el exponente en ambos casos.

Luego suma los coeficientes: $2 + 5 = 7$
Así, $2(a^3) + 5(a^3) = 7(a^3)$.

Suma $3(5^2)$ con $2(5^2)$.
Verifica primero que las potencias tengan la misma base y el mismo exponente.

El número 5 es la base de ambos.
El número 2 es el exponente de ambos.

Luego suma los coeficientes: $3 + 2 = 5$.
Así, $3(5^2) + 2(5^2) = 5(5^2)$.

$4(y^2) - 2(y^2)$

Asegúrate de que las ecuaciones tengan la misma base y el mismo exponente.

La variable y es la base en ambos casos.
El número 2 es el exponente en ambos casos.

A continuación resta los coeficientes: $4 - 2 = 2$.
Así, $4(y^2) - 2(y^2) = 2y^2$.

$7(2^8) - 7(2^8)$

Asegúrate de que las potencias tengan la misma base y el mismo exponente.

El número 2 es la base en ambos casos.
El número 8 es el exponente en ambos casos.

Luego resta los coeficientes: $7 - 7 = 0$.
Así, $7(2^8) - 7(2^8) = 0(2^8)$.
Como cero multiplicado por cualquier número es cero, $0(2^8) = 0$.

Peligro—¡Errores Terribles!

Sólo puedes sumar y restar potencias si sus bases y exponentes son iguales.

¿Cuál es el resultado de $5(2^4) + 5(2^3)$?

Sumar estas dos expresiones es imposible, pues tienen la misma base pero no tienen el mismo exponente.

¿Cuál es el resultado de $4(x^4) - 3(y^4)$?

Restar estas dos expresiones es imposible, pues tienen el mismo exponente pero no tienen la misma base.

RASCACABEZAS 26

Simplifica mediante la suma o la resta las expresiones siguientes.

1. $3(3)^2 + 5(3)^2$

2. $4(16)^3 - 2(16)^3$

3. $3x^2 - 5x^2$

4. $2x^0 + 5x^0$

5. $5x^4 - 5x^4$

(Las respuestas están en la página 159).

MULTIPLICACIÓN DE POTENCIAS

Dos potencias pueden multiplicarse cuando tienen la misma base.

Basta con sumar los exponentes.

$$(x)^3 (x)^5 = x^8$$

Simplifica $3^3 \cdot 3^2$.
Tres es la base tanto de 3^3 como de 3^2.
Suma entonces los exponentes.
Así, $3^3 \cdot 3^2 = 3^{3+2} = 3^5 = 243$.

Simplifica $(4)^5 (4)^{-3}$.
$(4)^5$ y $(4)^{-3}$ tienen la misma base.
Para simplificar esta expresión, basta con sumar los exponentes.
Así, $(4)^5 (4)^{-3} = 4^{5-3} = 4^2 = 16$.

Simplifica $(5)^{10} (5)^{-10}$.
$(5)^{-10}$ y $(5)^{10}$ tienen la misma base.
Para simplificar esta expresión, suma los exponentes.
Así, $(5)^{-10} (5)^{10} = 5^{-10+10} = 5^0 = 1$.

Simplifica $a^3 a^4$.

a^3 y a^4 tienen la misma base.

Para simplificar, suma los exponentes.

Así, $a^3 a^4 = a^{3+4} = a^7$.

Tú puedes multiplicar varios términos. Basta con sumar los exponentes de todos los términos que tienen igual base.

Simplifica $6^3 \cdot 6^5 \cdot 6^{-2} \cdot 6^4$.

Todos estos términos tienen la misma base.

Para simplificar esta expresión, basta con sumar los exponentes.

Así, $6^3 \cdot 6^5 \cdot 6^{-2} \cdot 6^4 = 6^{(3+5-2+4)} = 6^{10}$.

Tú puedes además multiplicar potencias con coeficientes con tal de que tengan la misma base. Por ejemplo, puedes multiplicar $4x^3$ por $6x^5$. Bastará con seguir estos pasos *indoloros*.

Paso 1: Multiplica los coeficientes.

Paso 2: Suma los exponentes.

Paso 3: Combina los términos. Pon primero los coeficientes, segundo pon la base y tercero pon el nuevo exponente.

Simplifica $3x^2 4x^5$.

Primero, multiplica los coeficientes: $3(4) = 12$.

Segundo, suma los exponentes: $2 + 5 = 7$.

Tercero, combina los términos. Pon primero el nuevo coeficiente, luego la base y finalmente el nuevo exponente.

Así, $3x^2 4x^5 = 12x^7$.

Simplifica $-6x(3x^3)$.

Primero, multiplica los coeficientes: $(-6)(3) = -18$.

Segundo, suma los exponentes: $1 + 3 = 4$

Tercero, combina los nuevos términos. Primero los nuevos coeficientes, segundo la base y tercero el nuevo exponente.

Así, $-6x(3x^3) = -18x^4$.

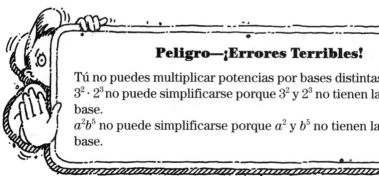

Peligro—¡Errores Terribles!

Tú no puedes multiplicar potencias por bases distintas.
$3^2 \cdot 2^3$ no puede simplificarse porque 3^2 y 2^3 no tienen la misma base.
$a^2 b^5$ no puede simplificarse porque a^2 y b^5 no tienen la misma base.

RASCACABEZAS 27

Simplifica las potencias siguientes.

1. $2^3 2^3$

2. $2^5 2^2$

3. $2^{10} 2^{-2}$

4. $2^{-1} \cdot 2^3 \cdot 2^1$

5. $x^3 x^{-2}$

6. $x^4 \cdot x^{-4}$

7. $6x^4(x^{-2})$

8. $-7x^2(5x^3)$

9. $(-6x^3)(-2x^{-3})$

(Las respuestas están en la página 159).

DIVISIÓN DE POTENCIAS

Si las potencias tienen la misma base, puedes dividirlas. Basta con restar los exponentes.

Simplifica $3^3 \div 3^2$.
3^3 y 3^2 tienen la misma base.
Para simplificar, resta los exponentes.
Así, $3^3 \div 3^2 = 3^{3-2} = 3^1$.

Simplifica $\dfrac{5^2}{5^3}$.
5^2 y 5^3 tienen la misma base.
Para simplificar, resta los exponentes.
Así, $\dfrac{5^2}{5^3} = 5^{2-3} = 5^{-1}$.

Simplifica $\dfrac{x^4}{x^{-4}}$.
x^4 y x^{-4} tienen la misma base.
Para simplificar, resta los exponentes.
Así, $\dfrac{x^4}{x^{-4}} = x^{4-(-4)} = x^8$.

Simplifica $\dfrac{a^3}{a^2}$.
a^{-3} y a^2 tienen la misma base.
Para simplificar, resta los exponentes.
Así, $\dfrac{a^{-3}}{a^2} = a^{-3-2} = a^{-5}$.

Se pueden incluso dividir potencias por coeficientes, siempre que tengan la misma base. Por ejemplo, puedes dividir $2x^3$ por $5x^5$. Te bastará con seguir estos pasos *indoloros*.

¡Sólo tres pasos indoloros!

Paso 1: Divide los coeficientes.

Paso 2: Resta los exponentes.

Paso 3: Combina los términos en la debida secuencia. Pon el nuevo coeficiente primero, segundo la base y tercero el nuevo exponente.

Simplifica $6x^4 \div 3x^2$.
Primero, divide los coeficientes: $6 \div 3 = 2$.
Segundo, resta los exponentes: $4 - 2 = 2$.
Tercero, combina los términos. Pon primero el nuevo coeficiente, luego la base, luego el nuevo exponente.
Así, $6x^4 \div 3x^2 = 2x^2$.

Simplifica $\frac{4x^3}{16x^{-2}}$.

Divide primero los coeficientes 4 y 16: $\frac{4}{16} = \frac{1}{4}$.

Luego resta los exponentes: $3 - (-2) = 5$.

Combina los términos. Pon primero el nuevo coeficiente, luego la base y después el nuevo exponente.

Así, $\frac{4x^3}{16x^{-2}} = \frac{1}{4}x^5$.

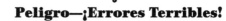

Peligro—¡Errores Terribles!

Es imposible dividir potencias con distintas bases.

$5^2 \div 8^3$ no puede simplificarse porque 5^2 y 8^3 no tienen la misma base.

$\frac{a^4}{b^5}$ no puede simplificarse porque a^4 y b^5 no tienen la misma base.

RASCACABEZAS 28

Simplifica las expresiones siguientes.

1. $\frac{2^3}{2^1}$

2. $\frac{2^4}{2^{-2}}$

3. $\frac{2x^5}{x^5}$

4. $\frac{2a^{-2}}{4a^2}$

5. $\frac{3x^4}{2x^{-7}}$

(Las respuestas están en la página 160).

ELEVACIÓN A POTENCIA

Cuando eleves a potencia debes multiplicar los exponentes. Lee con cuidado cada uno de los ejemplos siguientes. Cada ejemplo trata distintos aspectos de la simplificación de exponentes.

Simplifica $(5^3)^2$.
Cuando eleves a potencia, multiplica los exponentes.
Así, $(5^3)^2 = 5^{(3)(2)} = 5^6$.

Simplifica $(3^4)^5$.
Cuando eleves a potencia, multiplica los exponentes.
Así, $(3^4)^5 = 3^{(4)(5)} = 3^{20}$.

Simplifica $(2^2)^{-3}$.
Cuando eleves a potencia, multiplica los exponentes.
Recuerda que un número positivo multiplicado por un
número negativo da como resultado un número negativo.
Así, $(2^2)^{-3} = 2^{(2)(-3)} = 2^{-6}$.

Simplifica $(7^{-3})^{-6}$.
Multiplica los exponentes. Recuerda que la multiplicación de
dos números negativos te da un número positivo.
Así, $(7^{-3})^{-6} = 7^{(-3)(-6)} = 7^{18}$.

Simplifica $(8^4)^0$.
Multiplica los exponentes. Recuerda que cualquier número
multiplicado por cero da como resultado cero.
Así, $(8^4)^0 = 8^{(4)(0)} = 8^0 = 1$.

RASCACABEZAS 29

Simplifica las potencias siguientes.

1. $(5^2)^5$

2. $(5^3)^{-1}$

3. $(5^{-2})^{-2}$

4. $(5^4)^0$

5. $(5^2)^3$

(Las respuestas están en la página 160).

EXPONENTES NEGATIVOS

A veces las potencias tienen exponentes negativos; por ejemplo, 5^{-2}, x^{-3}, $2x^{-1}$, 6^{-2}. Para resolver problemas con exponentes negativos, debes encontrar el número recíproco.

Para encontrar el número recíproco tienes que cambiar el numerador a denominador y el denominador a numerador. Es lo mismo que dar vuelta una fracción.

Observa. Es muy fácil.

El número recíproco de $\frac{1}{2}$ es $\frac{2}{1}$.

El número recíproco de $\frac{5}{3}$ es $\frac{3}{5}$.

El número recíproco de $-\frac{3}{4}$ es $-\frac{4}{3}$.

¿Qué pasa cuando quieres obtener el número recíproco de un número entero? Primero convierte el número entero en una fracción y luego obtén el número recíproco de esa fracción.

¿Cuál es el número recíproco de 5? Como 5 es $\frac{5}{1}$, el número recíproco de 5 es $\frac{1}{5}$.

¿Cuál es el número recíproco de 6? Como 6 es $\frac{6}{1}$, el número recíproco de 6 es $\frac{1}{6}$.

¿Cuál es el número recíproco de -3? Como -3 es $-\frac{3}{1}$, el número recíproco de -3 es $-\frac{1}{3}$.

¿Qué pasa cuando quieres obtener el número recíproco de un número mixto?

Cambia el número mixto a una fracción impropia y obtén el número recíproco de esa fracción. Es algo *totalmente indoloro*.

¿Cuál es el número recíproco de $5\frac{1}{2}$?

Cambia $5\frac{1}{2}$ a $\frac{11}{2}$.

Obtén el número recíproco de $\frac{11}{2}$.

El número recíproco de $\frac{11}{2}$ es $\frac{2}{11}$.

Así, el número recíproco de $5\frac{1}{2}$ es $\frac{2}{11}$.

¿Cuál es el número recíproco de $-6\frac{2}{3}$?

Cambia $-6\frac{2}{3}$ a $-\frac{20}{3}$.

Obtén el número recíproco de $-\frac{20}{3}$.

El número recíproco de $-\frac{20}{3}$ es $-\frac{3}{20}$.

Así, el número recíproco de $-6\frac{2}{3}$ es $-\frac{3}{20}$.

RASCACABEZAS 30

Encuentra los números recíprocos de los números siguientes.

1. 3

2. -8

3. $\frac{4}{3}$

4. $-\frac{2}{3}$

5. $8\frac{1}{2}$

6. $2x$

7. $x - 1$

8. $-\frac{x}{3}$

(Las respuestas están en la página 161).

El cambio de un exponente negativo a uno positivo requiere dos pasos.

Paso 1: Obtén el número recíproco del número base.

Paso 2: Cambia el exponente de negativo a positivo.

Simplifica 5^{-3}.

Paso 1: El número recíproco de cinco es $\frac{1}{5}$.

Paso 2: Cambia el exponente de tres negativo a tres positivo.
Así, $5^{-3} = \frac{1}{5^3}$.

Simplifica 2^{-1}.

Paso 1: El número recíproco de 2 es $\frac{1}{2}$.

Paso 2: Cambia el exponente de negativo a
positivo.
Así, $2^{-1} = \frac{1}{2^1} = \frac{1}{2}$.

Simplifica x^{-3}.

Paso 1: El número recíproco de x es $\frac{1}{x}$.

Paso 2: Cambia el exponente de tres negativo a tres
positivo.
Así, $x^{-3} = \frac{1}{x^3}$.

Simplifica $(x - 2)^{-4}$.

Paso 1: El número recíproco de $(x - 2)^{-4}$ es $\frac{1}{(x - 2)}$.

Paso 2: Cambia el exponente de cuatro negativo a cuatro
positivo.
Así, $(x - 2)^{-4}$ es $\frac{1}{(x - 2)^4}$.

Simplifica $(\frac{3}{5})^{-2}$.

Paso 1: El número recíproco de $\frac{3}{5}$ es $\frac{5}{3}$.

Paso 2: Cambia el exponente de dos negativo a dos positivo.
Así, $\left(\frac{3}{5}\right)^{-2} = \left(\frac{5}{3}\right)^2$.

RASCACABEZAS 31

Cambia los siguientes exponentes negativos a exponentes positivos.

1. 4^{-3}

2. 3^{-4}

3. 2^{-5}

4. $\left(\frac{2}{5}\right)^{-2}$

5. $\left(\frac{1}{x}\right)^{-3}$

6. $\left(6\frac{1}{2}\right)^{-1}$

7. $(x-4)^{-2}$

(Las respuestas están en la página 161).

SUPERRASCACABEZAS

Calcula el valor de las potencias siguientes.

1. 3^3

2. $\left(\frac{1}{3}\right)^2$

3. 3^{-1}

4. $\left(\frac{1}{3}\right)^{-2}$

5. $(-3 \cdot 3)^1$

6. $3^2 \cdot 3^{-1}$

7. $\frac{3^4}{3^1}$

8. $(3^2)^2$

9. $3^2 + 3^1$

10. $(4-1)^{-3}$

(Las respuestas están en la página 162).

PROBLEMAS VERBALES

Mira cómo se resuelven estos problemas verbales con exponentes.

PROBLEMA 1: Un número al cuadrado más seis al cuadrado es igual a cien. ¿Cuál es el número?

Cambiemos este problema del español corriente al Idioma Matemático.

"Un número al cuadrado" se convierte en "x^2".
"Más" se convierte en "$+$".
"Seis al cuadrado" se convierte en "6^2".
"Es igual a" se convierte en "$=$".
"Cien" se convierte en "100".
El resultado es la ecuación $x^2 + 6^2 = 100$.

Para resolver esta ecuación, primero se resuelve seis al cuadrado.
$6^2 = 36$
El resultado es la ecuación $x^2 + 36 = 100$.
Luego se resta 36 a ambos lados de la ecuación.
$x^2 + 36 - 36 = 100 - 36$

Se realiza la operación.
$x^2 = 64$
Se resuelve la raíz cuadrada an ambos lados de la ecuación.
$x = 8$

Se verifica la respuesta.
$8^2 + 6^2 = 100$
$64 + 36 = 100$
La solución es correcta.

PROBLEMA 2: La multiplicación por cuatro de un número al cuadrado menos ese número al cuadrado es setenta y cinco. ¿Cuál es ese número?

Cambiemos este problema del español corriente al Idioma Matemático.

"La multiplicación por cuatro de un número al cuadrado" se convierte en "$4x^2$".
"Menos" se convierte en "$-$".
"Ese número al cuadrado" se convierte en "x^2".

"Es" se convierte en "=".

"Setenta y cinco" se convierte en "75".

El resultado es la ecuación $4x^2 - x^2 = 75$.

Se resuelve esta ecuación. Primero se hace la resta.

$4x^2 - x^2 = 3x^2$

La resta es posible porque ambas potencias tienen la misma base y el mismo exponente.

El resultado es la ecuación $3x^2 = 75$.

Ambos lados de la ecuación se dividen por tres.

$$\frac{3x^2}{3} = \frac{75}{3}$$

Se hace el cálculo.

$x^2 = 25$

Se resuelve la raíz cuadrada en ambos lados de la ecuación.

$x = 5$

Se verifica la respuesta.

$$4(5^2) - (5^2) = 75$$
$$4(25) - 25 = 75$$
$$100 - 25 = 75$$
$$75 = 75$$

La solución es correcta.

RASCACABEZAS— RESPUESTAS

Rascacabezas 23, página 134

1. D

2. C

3. E

4. F

5. A

6. B

Rascacabezas 24, página 137

1. $5^2 = 25$

2. $2^6 = 64$

3. $10^2 = 100$

4. $4^3 = 64$

5. $5^0 = 1$

6. $(-3)^2 = 9$

7. $(-5)^3 = -125$

8. $(-4)^2 = 16$

9. $(-1)^5 = -1$

10. $(-1)^{12} = 1$

Rascacabezas 25, página 140

1. $3(5)^2 = 3(25) = 75$

2. $-4(3)^2 = -4(9) = -36$

3. $2(-1)^2 = 2(1) = 2$

4. $3(-1)^3 = 3(-1) = -3$

5. $5(-2)^2 = 5(4) = 20$

6. $-\frac{1}{2}(-4)^2 = -\frac{1}{2}(16) = -8$

7. $-2(-3)^2 = -2(9) = -18$

8. $-3(-3)^3 = -3(-27) = 81$

Rascacabezas 26, página 143

1. $3(3)^2 + 5(3)^2 = 8(3)^2 = 72$

2. $4(16)^3 - 2(16)^3 = 2(16)^3 = 8192$

3. $3x^2 - 5x^2 = -2x^2$

4. $2x^0 + 5x^0 = 7x^0 = 7$

5. $5x^4 - 5x^4 = 0x^4 = 0$

Rascacabezas 27, página 146

1. $2^3 2^3 = 2^6$

2. $2^5 2^2 = 2^7$

3. $2^{10} 2^{-2} = 2^8$

4. $2^{-1} \cdot 2^3 \cdot 2^1 = 2^3$

5. $x^3 x^{-2} = x^1$

6. $x^4 \cdot x^{-4} = x^0$

7. $6x^4(x^{-2}) = 6x^2$

8. $-7x^2(5x^3) = -35x^5$

9. $(-6x^3)(-2x^{-3}) = 12x^0 = 12(1) = 12$

Abracadabra...
¡lo sabes!

Rascacabezas 28, página 149

1. $\dfrac{2^3}{2^1} = 2^2 = 4$

2. $\dfrac{2^4}{2^{-2}} = 2^6 = 64$

3. $\dfrac{2x^5}{x^5} = 2$

4. $\dfrac{2a^{-2}}{4a^2} = \dfrac{1}{2}\,a^{-4}$

5. $\dfrac{3x^4}{2x^{-7}} = \dfrac{3}{2}\,x^{11}$

Rascacabezas 29, página 151

1. $(5^2)^5 = 5^{10}$

2. $(5^3)^{-1} = 5^{-3}$

3. $(5^{-2})^{-2} = 5^4$

4. $(5^4)^0 = 5^0$

5. $(5^2)^3 = 5^6$

Rascacabezas 30, página 153

1. El número recíproco de 3 es $\frac{1}{3}$.

2. El número recíproco de -8 es $-\frac{1}{8}$.

3. El número recíproco de $\frac{4}{3}$ es $\frac{3}{4}$.

4. El número recíproco de $-\frac{2}{3}$ es $-\frac{3}{2}$.

5. El número recíproco de $8\frac{1}{2}$ es $\frac{2}{17}$.

6. El número recíproco de $2x$ es $\frac{1}{2x}$.

7. El número recíproco de $x - 1$ es $\frac{1}{x - 1}$.

8. El número recíproco de $-\frac{x}{3}$ es $-\frac{3}{x}$.

Rascacabezas 31, página 155

1. $4^{-3} = \left(\frac{1}{4}\right)^3$

2. $3^{-4} = \left(\frac{1}{3}\right)^4$

3. $2^{-5} = \left(\frac{1}{2}\right)^5$

4. $\left(\frac{2}{5}\right)^{-2} = \left(\frac{5}{2}\right)^2$

5. $\left(\frac{1}{x}\right)^{-3} = x^3$

6. $\left(6\frac{1}{2}\right)^{-1} = \left(\frac{2}{13}\right)^1$

7. $(x - 4)^{-2} = \left(\frac{1}{x-4}\right)^2$

Superrascacabezas, página 155

1. $3^3 = 27$

2. $\left(\dfrac{1}{3}\right)^2 = \dfrac{1}{9}$

3. $3^{-1} = \dfrac{1}{3}$

4. $\left(\dfrac{1}{3}\right)^{-2} = 9$

5. $(-3 \cdot 3)^1 = -9$

6. $3^2 \cdot 3^{-1} = 3$

7. $\dfrac{3^4}{3^1} = 27$

8. $(3^2)^2 = 81$

9. $3^2 + 3^1 = 12$

10. $(4 - 1)^{-3} = \dfrac{1}{27}$

CAPÍTULO SEIS

Raíces y radicales

RAÍCES CUADRADAS

Si deseas elevar un número al cuadrado, debes multiplicarlo por sí mismo. Cuando deseas obtener la raíz cuadrada de un número, debes preguntarte, "¿Qué número, al ser multiplicado por sí mismo, puede darme este número?"

Por ejemplo, para determinar la raíz cuadrada de veinticinco, uno debiera preguntarse, "¿Qué número, cuando se multiplica por sí mismo, es igual a veinticinco?" La respuesta es cinco. Cinco por cinco es veinticinco. Cinco es la raíz cuadrada de veinticinco.

Para determinar la raíz cuadrada de cien, pregúntate, "¿Qué número, multiplicado por sí mismo, es igual a cien?" La respuesta es diez. Diez por diez es cien. Diez es la raíz cuadrada de cien.

Para escribir una raíz cuadrada debes escribir un número bajo un *signo radical*. Un signo radical se representa así: $\sqrt{}$. Cuando veas un signo radical, sabes que debes resolver la raíz cuadrada del número escrito bajo el signo. El número bajo el signo radical es el *radicando*. Mira la raíz cuadrada $\sqrt{5}$. Cinco se encuentra bajo el signo radical. Cinco es el radicando.

¡IDIOMA MATEMÁTICO!

Mira cómo las expresiones siguientes cambian del Idioma Matemático al español corriente.

$$\sqrt{9}$$

¿Cuál es la raíz cuadrada de nueve?
¿Qué número multiplicado por sí mismo es igual a nueve?

$$\sqrt{16}$$

¿Cuál es la raíz cuadrada de dieciséis?
¿Qué número multiplicado por sí mismo es igual a dieciséis?

Cuando has resuelto la raíz cuadrada de un número, puedes verificar tu respuesta multiplicando el número por sí mismo y viendo si la respuesta es igual al radicando. Por ejemplo, ¿cuál es la raíz cuadrada de nueve? La raíz cuadrada de nueve es tres. Para estar seguro de esto, multiplica tres por tres. Tres por tres es nueve. La respuesta era correcta.

Algunos números son *cuadrados perfectos*. La raíz cuadrada de un cuadrado perfecto es un número entero. Por ejemplo, 16 y 25 son cuadrados perfectos.

¡Un cuadrado perfecto!

Todos los números poseen tanto una raíz cuadrada positiva como una raíz cuadrada negativa. Cuando la raíz cuadrada está escrita sin ningún signo delante de ella, la respuesta es la raíz cuadrada positiva. Cuando la raíz cuadrada tiene un signo negativo delante de ella, la respuesta es la raíz cuadrada negativa.

16 es un cuadrado perfecto.
16 tiene tanto una raíz cuadrada positiva como una raíz cuadrada negativa.
$\sqrt{16}$ es 4, ya que $4(4) = 16$.
La raíz cuadrada negativa de 16 es -4, ya que $(-4)(-4) = 16$.

25 es un cuadrado perfecto.
25 tiene tanto una raíz cuadrada positiva como una raíz cuadrada negativa.
$\sqrt{25}$ es 5, ya que $(5)(5) = 25$.
La raíz cuadrada negativa de 25 es -5, ya que $(-5)(-5) = 25$.

Raíces Cuadradas Perfectas

Memoriza este cuadro

¿Qué es $\sqrt{0}$?	Es 0.	Verifícalo. Cuadra 0.	$0^2 = 0 \cdot 0 = 0$
¿Qué es $\sqrt{1}$?	Es 1.	Verifícalo. Cuadra 1.	$1^2 = 1 \cdot 1 = 1$
¿Qué es $\sqrt{4}$?	Es 2.	Verifícalo. Cuadra 2.	$2^2 = 2 \cdot 2 = 4$
¿Qué es $\sqrt{9}$?	Es 3.	Verifícalo. Cuadra 3.	$3^2 = 3 \cdot 3 = 9$
¿Qué es $\sqrt{16}$?	Es 4.	Verifícalo. Cuadra 4.	$4^2 = 4 \cdot 4 = 16$
¿Qué es $\sqrt{25}$?	Es 5.	Verifícalo. Cuadra 5.	$5^2 = 5 \cdot 5 = 25$
¿Qué es $\sqrt{36}$?	Es 6.	Verifícalo. Cuadra 6.	$6^2 = 6 \cdot 6 = 36$
¿Qué es $\sqrt{49}$?	Es 7.	Verifícalo. Cuadra 7.	$7^2 = 7 \cdot 7 = 49$
¿Qué es $\sqrt{64}$?	Es 8.	Verifícalo. Cuadra 8.	$8^2 = 8 \cdot 8 = 64$
¿Qué es $\sqrt{81}$?	Es 9.	Verifícalo. Cuadra 9.	$9^2 = 9 \cdot 9 = 81$
¿Qué es $\sqrt{100}$?	Es 10.	Verifícalo. Cuadra 10.	$10^2 = 10 \cdot 10 = 100$

RASCACABEZAS 32

Resuelve rápidamente estos problemas con raíces cuadradas.

_____ 1. $\sqrt{9}$ _____ 6. $\sqrt{100}$

_____ 2. $\sqrt{25}$ _____ 7. $\sqrt{16}$

_____ 3. $\sqrt{36}$ _____ 8. $\sqrt{4}$

_____ 4. $\sqrt{81}$ _____ 9. $\sqrt{64}$

_____ 5. $\sqrt{49}$ _____ 10. $\sqrt{1}$

(Las respuestas están en la página 200).

Todos los radicandos en el rascacabezas previo eran cuadrados perfectos. Muchos números, sin embargo, no son cuadrados perfectos. Si un número no es un cuadrado perfecto, ningún número _entero_ que se multiplique por sí mismo podrá ser igual a ese número.

5 no es un cuadrado perfecto; $\sqrt{5}$ no es un número entero.
3 no es un cuadrado perfecto; $\sqrt{3}$ no es un número entero.

RAÍCES CÚBICAS Y MAYORES

Si deseas elevar un número al *cubo*, debes multiplicarlo por sí mismo tres veces. Dos al cubo es dos multiplicado por dos multiplicado por dos. Dos al cubo es ocho. La raíz cúbica de un número es lo opuesto de elevar un número al cubo. "¿Cuál es la raíz cúbica de ocho?" significa preguntarte, "¿Qué número multiplicado tres veces por sí mismo es igual a ocho?" La respuesta es dos. Dos por dos es cuatro y cuatro por dos es ocho. Dos es la raíz cúbica de ocho.

Para escribir una *raíz cúbica*, dibuja un signo radical y pon un 3 dentro de su recodo. La expresión $\sqrt[3]{8}$ se lee, "¿Cuál es la raíz cúbica de ocho?" El número 3 se llama *índice*. El índice te indica cúantas veces el número debe multiplicarse por sí mismo.

Observa la diferencia entre estas cuatro oraciones y sus equivalentes matemáticos.

La raíz cúbica de ocho es dos.	$\sqrt[3]{8} = 2$
Dos es la raíz cúbica de ocho.	$2 = \sqrt[3]{8}$
Dos al cubo es ocho.	$2^3 = 8$
Ocho es dos al cubo.	$8 = 2^3$

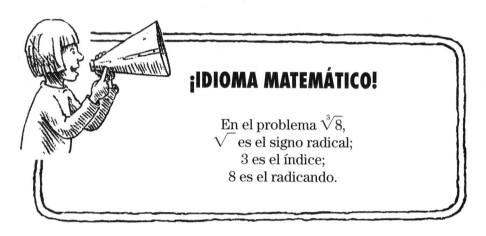

¡IDIOMA MATEMÁTICO!

En el problema $\sqrt[3]{8}$,
$\sqrt{}$ es el signo radical;
3 es el índice;
8 es el radicando.

También es posible calcular la raíz elevada a la cuarta potencia. Para escribir, "¿Cuál es la raíz elevada a la cuarta potencia?" en Idioma Matemático, escribe cuatro como índice en el signo radical: $\sqrt[4]{}$. Hagámosnos ahora la pregunta, "¿Qué número multiplicado por sí mismo cuatro veces es igual al número debajo del signo radical?" La expresión radical $\sqrt[4]{16}$ se lee "¿Cuál es la raíz que al ser elevada a la cuarta potencia resulta ser dieciséis?" O bien, "¿Qué número multiplicado por sí mismo cuatro veces es igual a dieciséis?" La respuesta es dos. Dos por dos es cuatro, cuatro por dos es ocho y ocho por dos es dieciséis.

$2^4 = 16$ Dos elevado a la potencia de cuatro es dieciséis.
$\sqrt[4]{16} = 2$ La raíz a la cuarta de dieciséis es dos.

El índice de un radical puede también ser un número natural mayor que 4. Si el índice es diez, la pregunta es, "¿Qué número multiplicado por sí mismo diez veces es igual al número debajo del signo radical?" Si el índice es 100, la pregunta será, "¿Qué número multiplicado por sí mismo 100 veces es igual al número debajo del signo radical?"

¡IDIOMA MATEMÁTICO!

Las expresiones radicales siguientes cambian del Idioma Matemático al español corriente.

$$\sqrt[3]{27} = 3$$

La raíz cúbica de veintisiete es tres.

$$3 = \sqrt[3]{27}$$

Tres es la raíz cúbica de veintisiete.

$$\sqrt[4]{16} = 2$$

La raíz a la cuarta de dieciséis es dos.

$$2 = \sqrt[4]{16}$$

Dos es la raíz a la cuarta de dieciséis.

$$\sqrt[6]{64} = 2$$

La raíz a la sexta de sesenta y cuatro es dos.

$$2 = \sqrt[6]{64}$$

Dos es la raíz a la sexta de sesenta y cuatro.

RASCACABEZAS 33

Resuelve las expresiones radicales siguientes.

___ 1 $\sqrt[3]{27}$ ___ 4. $\sqrt[4]{16}$

___ 2. $\sqrt[3]{64}$ ___ 5. $\sqrt[3]{125}$

___ 3. $\sqrt[5]{1}$ ___ 6. $\sqrt[10]{0}$

(Las respuestas están en la página 200).

A veces el índice de un radical es una variable.
Por ejemplo, $\sqrt[x]{9}$, $\sqrt[y]{16}$, $\sqrt[x]{25}$, $\sqrt[y]{32}$.

¡IDIOMA MATEMÁTICO!

Mira cómo estas expresiones radicales cambian
del Idioma Matemático al español corriente.

$$\sqrt[x]{9}$$

*¿Cuál es la raíz que, elevada a la potencia de x,
resulta nueve?*
*¿Qué número multiplicado x veces por sí mismo es igual
a nueve?*

$$\sqrt[y]{16}$$

*¿Cuál es la raíz que, elevada a la potencia de y, resulta
dieciséis?*
*¿Qué número multiplicado y veces por sí mismo es igual
a dieciséis?*

Es imposible calcular el valor de una expresión radical cuando el índice es una variable. Por ejemplo, es imposible calcular el valor de $\sqrt[y]{16}$, a menos que se conozca el valor de y. Si $y = 2$, el valor de $\sqrt[y]{16}$ es 4. Pero si $y = 4$, el valor de $\sqrt[y]{16}$ es 2.

Es posible determinar el índice si se conoce el valor de la expresión radical. Para resolver $\sqrt[x]{9} = 3$ esta expresión radical debe reescribirse como una potencia.

Reescribe $\sqrt[x]{9} = 3$ como $3^x = 9$.

Resuelve x mediante la substitución de x por el número que le corresponda.

Si $x = 1$, entonces $3^x = 3^1 = 3$.

Si $x = 2$, $3^x = 3^2 = 9$.

Así, $x = 2$.

Determina el valor de x: $\sqrt[x]{125} = 5$

Reescribe $\sqrt[x]{125}$ como la potencia $5^x = 125$.

Substituye la x por sus distintos números naturales. Comienza con el uno.

Si $x = 1$, $5^x = 5^1 = 5$; x no es igual a uno.

Si $x = 2$, $5^x = 5^2 = 25$; x no es igual a dos.

Si $x = 3$, $5^x = 5^3 = 125$.

Así, $x = 3$.

RASCACABEZAS 34

Resuelve x.

_____ 1. $\sqrt[x]{16} = 4$ _____ 4. $\sqrt[x]{125} = 5$

_____ 2. $\sqrt[x]{16} = 2$ _____ 5. $\sqrt[x]{8} = 2$

_____ 3. $\sqrt[x]{25} = 5$

(Las respuestas están en la página 201).

RADICANDOS NEGATIVOS

¿Qué pasa cuando el número bajo el signo radical es un número negativo?

Por ejemplo:

$\sqrt{-4}$ ¿Cuál es la raíz cuadrada de cuatro negativo?

$\sqrt[3]{-8}$ ¿Cuál es la raíz cúbica de ocho negativo?

$\sqrt[4]{-16}$ ¿Cuál es la raíz a la cuarta de dieciséis negativo?

$\sqrt[5]{-32}$ ¿Cuál es la raíz a la quinta de treinta y dos negativo?

La respuesta depende de si el índice es par o impar.

Caso 1: El índice es par.

Si el índice es par, el valor de un radicando negativo no puede calcularse. Observa.

¿A qué equivale $\sqrt{-4}$?

Trata de obtener la raíz cuadrada de cuatro negativo.

¿Qué número, cuando es multiplicado por sí mismo, es igual a cuatro negativo?

$$(+2)(+2) = +4, \text{ no } -4.$$
$$(-2)(-2) = +4, \text{ no } -4.$$

No hay ningún número real que, multiplicado por sí mismo, sea igual a cuatro negativo.

¿A qué equivale $\sqrt[4]{-16}$?

$$(+2)(+2)(+2)(+2) = +16, \text{ no } -16.$$
$$(-2)(-2)(-2)(-2) = +16, \text{ no } -16.$$

No hay ningún número real que, multiplicado cuatro veces por sí mismo, sea igual a dieciséis negativo.

En el sistema numérico real, la raíz par de un número negativo es siempre indefinida.

$\sqrt[4]{-81}$ es indefinida.

$\sqrt{-25}$ es indefinida.

$\sqrt[10]{-20}$ es indefinida.

$\sqrt[8]{-100}$ es indefinida.

$\sqrt[100]{-1}$ es indefinida.

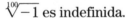

Peligro—¡Errores Terribles!

$\sqrt{-9}$ no es tres negativo.

$\sqrt[4]{-16}$ no es dos negativo.

Cuando el índice de un radical es par, tú no puedes obtener la raíz de un número negativo.

Caso 2: El índice es impar.

¿A qué equivale $\sqrt[3]{-8}$?

En la expresión $\sqrt[3]{-8}$ nos preguntamos, "¿Qué número al ser multiplicado tres veces por sí mismo es igual a ocho negativo? La respuesta es dos negativo.

$$(-2)(-2)(-2) = -8$$

Dos negativo multiplicado por dos negativo multiplicado por dos negativo es igual a ocho negativo. ¿Por qué? Multiplica los dos primeros dos negativos.

$$(-2)(-2) = 4$$

Dos negativo multiplicado por dos negativo es cuatro positivo.

Ahora multiplica el cuatro positivo por el último dos negativo.

$$(4)(-2) = (-8)$$

Cuatro positivo multiplicado por dos negativo es ocho negativo.

Cuando un número negatvo se eleva al cubo, la respuesta es un número negativo.

$$\sqrt[3]{-8} = -2$$

¿A qué equivale $\sqrt[5]{-32}$?

¿Cuál es la raíz a la quinta de treinta y dos negativo? ¿Qué número al ser multiplicado cinco veces por sí mismo es igual a treinta y dos negativo? La respuesta es dos negativo.

$$(-2)(-2)(-2)(-2)(-2) = -32$$

Dos negativo multiplicado por dos negativo es cuatro positivo, el cual multiplicado por dos negativo es ocho negativo, el cual multiplicado por dos negativo es dieciséis positivo, el cual multiplicado por dos negativo es treinta y dos negativo.

$$\sqrt[5]{-32} = -2$$

Si el índice de un radical es impar, el problema tiene solución. Si el número bajo el signo radical es positivo, la solución es un número positivo. Si el número bajo el signo radical es negativo, la solución es un número negativo.

Observa cuidadosamente lo que pasa cuando -1 se encuentra bajo el signo radical.

$$\sqrt{-1} = \text{indefinido}$$
$$\sqrt[3]{-1} = -1$$
$$\sqrt[7]{-1} = -1$$
$$\sqrt[10]{-1} = \text{indefinido}$$
$$\sqrt[25]{-1} = -1$$
$$\sqrt[100]{-1} = \text{indefinido}$$

Peligro—¡Errores Terribles!

La raíz cuadrada de un número negativo no es un número negativo.

La raíz cuadrada de un número negativo es indefinida.

$$\sqrt{-9} \text{ es indefinida.}$$
$$\sqrt{-25} \text{ es indefinida.}$$
$$\sqrt{-36} \text{ es indefinida.}$$

RASCACABEZAS 35

Resuelve los radicales siguientes. Sé cuidadoso. Algunos son indefinidos.

_____ 1. $\sqrt{-64}$ _____ 4. $\sqrt[5]{-32}$

_____ 2. $\sqrt[4]{-16}$ _____ 5. $\sqrt{-49}$

_____ 3. $\sqrt[3]{-27}$ _____ 6. $\sqrt[9]{-1}$

(Las respuestas están en la página 201).

EXPRESIONES RADICALES

Simplificación de expresiones radicales

Para simplificar expresiones radicales hay que obedecer ciertas reglas.

REGLA 1: Si hay que multiplicar dos números bajo un signo radical, tú puedes reescribirlos bajo dos signos radicales distintos multiplicados entre sí.

$$\sqrt{(9)(16)} = (\sqrt{9})(\sqrt{16})$$
$$\sqrt{(25)(4)} = (\sqrt{25})(\sqrt{4})$$
$$\sqrt{(36)(100)} = (\sqrt{36})(\sqrt{100})$$

Observa cuánto más fácil es la simplificación cuando una expresión radical se separa en dos expresiones radicales.

Simplifica $\sqrt{(9)(16)}$.

Reescribe $\sqrt{(9)(16)}$ creando dos expresiones separadas.
$$\sqrt{(9)(16)} = (\sqrt{9})(\sqrt{16})$$
Resuelve cada expresión radical por separado.
$$(\sqrt{9}) = 3 \ \text{y} \ (\sqrt{16}) = 4$$
Multiplica las soluciones.
$$(3)(4) = 12$$
Tal resultado es la respuesta.
$$\sqrt{(9)(16)} = 12$$

Simplifica $\sqrt{(25)(4)}$.

Reescribe $\sqrt{(25)(4)}$ creando dos expresiones separadas.
$$\sqrt{(25)(4)} = (\sqrt{25})(\sqrt{4}).$$
Resuelve cada expresión radical por separado.
$$(\sqrt{25}) = 5 \ \text{y} \ (\sqrt{4}) = 2$$
Multiplica las soluciones.
$$(5)(2) = 10$$
Tal resultado es la respuesta.
$$\sqrt{(25)(4)} = 10$$

Simplifica $\sqrt{36x^2} \cdot (x > 0)$.
Reescribe $36x^2$ creando dos expresiones separadas.
$$\sqrt{36x^2} = \sqrt{36}\,\sqrt{x^2}$$
Resuelve cada expresión radical por separado.
$$\sqrt{36} = 6 \text{ y } \sqrt{x^2} = x$$
Multiplica las soluciones.
$$(6)(x) = 6x$$
Tal resultado es la respuesta.
$$\sqrt{36x^2} = 6x$$

Simplifica $\sqrt{(4)(16)(25)}$.
Reescribe $\sqrt{(4)(16)(25)}$ creando tres expresiones separadas.
$$\sqrt{(4)(16)(25)} = (\sqrt{4})(\sqrt{16})(\sqrt{25})$$
Resuelve cada expresión radical por separado.
$$\sqrt{4} = 2 \text{ y } \sqrt{16} = 4 \text{ y } \sqrt{25} = 5$$
Multiplica las soluciones.
$$(2)(4)(5) = 40$$
Tal resultado es la respuesta.
$$\sqrt{(4)(16)(25)} = 40$$

A veces ambos números bajo el signo radical no son cuadrados perfectos. Obtén la raíz cuadrada de los números que son cuadrados perfectos y multiplica el resultado por la raíz cuadrada del número que no es un cuadrado perfecto. ¿Suena complicado? De ninguna manera, esto es matemática *indolora*.

Simplifica $\sqrt{(25)(6)}$.
Reescribe $\sqrt{(25)(6)}$ creando dos expresiones separadas.
$$\sqrt{(25)(6)} = (\sqrt{25})(\sqrt{6})$$
Resuelve la raíz cuadrada de las expresiones que son cuadrados perfectos.
$$\sqrt{25} = 5; \qquad \sqrt{6} \text{ no es un cuadrado perfecto.}$$
Multiplica las soluciones.
$$5\sqrt{6}$$

Tal resultado es la respuesta.
$$\sqrt{(25)(6)} = 5\sqrt{6}$$
Encontrar el verdadero valor de $\sqrt{6}$ no es necesario.

Simplifica $\sqrt{49x}$.

Reescribe $\sqrt{49x}$ creando dos expresiones separadas.
$$\sqrt{49x} = \sqrt{49}\ \sqrt{x}$$
Obtén la raíz cuadrada de las expresiones que son cuadrados perfectos.
$$\sqrt{49} = 7; \qquad \sqrt{x} \text{ no es un cuadrado perfecto.}$$
Multiplica ambas soluciones.
$$7\sqrt{x}$$
Tal resultado es la respuesta.
$$\sqrt{49x} = 7\sqrt{x}$$

RASCACABEZAS 36

Reescribe las raíces cuadradas siguientes creando dos expresiones radicales separadas.

1. $\sqrt{(16)(9)}$

2. $\sqrt{(64)(100)}$

3. $\sqrt{25y^2}\ (y > 0)$

4. $\sqrt{(4)(11)}$

5. $\sqrt{9y}$

(Las respuestas están en la página 201).

Regla 2: Si se multiplican dos expresiones radicales, pueden reescribirse como productos bajo el mismo signo radical.

$(\sqrt{27})(\sqrt{3})$ pueden reescribirse como $\sqrt{(27)(3)}$.

$(\sqrt{5})(\sqrt{5})$ pueden reescribirse como $\sqrt{(5)(5)}$.

$(\sqrt{8})(\sqrt{5})$ pueden reescribirse como $\sqrt{(8)(5)}$.

Cuando dos expresiones radicales multiplicadas entre sí bajo un mismo signo radical son reescritas, esto con frecuencia las simplifica. Mira los ejercicios siguientes.

Simplifica $(\sqrt{27})(\sqrt{3})$.
Simplificar $\sqrt{27}$ o $\sqrt{3}$ es imposible.
Entonces ambas expresiones radicales se ponen bajo el mismo signo radical.

$$(\sqrt{27})(\sqrt{3}) = \sqrt{(27)(3)}$$

Luego se multiplica la expresión bajo el signo radical.

$$\sqrt{(27)(3)} = \sqrt{81}$$

81 es un cuadrado perfecto.

$$\sqrt{81} = 9$$

Tal resultado es la respuesta.

$$(\sqrt{27})(\sqrt{3}) = 9$$

Simplifica $(\sqrt{5})(\sqrt{5})$.
Es imposible simplificar cualquiera de las $\sqrt{5}$.
Entonces ambas expresiones radicales se ponen bajo el mismo signo radical.

$$(\sqrt{5})(\sqrt{5}) = \sqrt{(5)(5)}$$

Luego se multiplica la expresión bajo el signo radical.

$$\sqrt{(5)(5)} = \sqrt{25}$$

25 es un cuadrado perfecto.

$$\sqrt{25} = 5$$

Tal resultado es la solución.

$$(\sqrt{5})(\sqrt{5}) = 5$$

RASCACABEZAS 37

Simplifica estas expresiones colocándolas bajo el mismo signo radical.

1. $(\sqrt{3})(\sqrt{3})$

2. $(\sqrt{8})(\sqrt{2})$

3. $(\sqrt{12})(\sqrt{3})$

4. $(\sqrt{x})(\sqrt{x})$ $\qquad (x > 0)$

5. $(\sqrt{x^3})(\sqrt{x})$ $\qquad (x > 0)$

(Las respuestas están en la página 202).

Factorización de una expresión radical

¡Debe haber una manera de simplificar esta raíz cuadrada!

A veces el número bajo el signo de raíz cuadrada no es un cuadrado perfecto pero puede ser simplificado de todos modos.

REGLA 3: El número bajo el signo radical puede factorizarse, obteniéndose a continuación la raíz cuadrada de los factores.

Por ejemplo, ¿qué es $\sqrt{12}$?
¿Qué número multiplicado por sí mismo es igual a doce?
No existe un número entero que, multiplicado por sí mismo, sea igual a doce. Si tú usas una calculadora, marcas el número doce y pides su raíz cuadrada, aparecerá 3,464101615138 en la pantalla.
Así, (3,464101615138)(3,464101615138) = 12.

Aparte de usar una calculadora para calcular raíces cuadradas, los matemáticos a menudo simplifican las raíces cuadradas. Para simplificar una raíz cuadrada, debes encontrar los factores del número que está bajo el signo radical.

Simplifica $\sqrt{12}$.
¿Cuáles son los factores de 12?
$$(3)(4) = 12$$
$$(2)(6) = 12$$
¿Es cualquiera de los factores un cuadrado perfecto?
De todos estos números sólo (4) es un cuadrado perfecto.
$$(2)(2) = 4$$
Reescribe $\sqrt{12}$ como $\sqrt{(4)(3)}$.
Reescribe $\sqrt{(4)(3)}$ como $(\sqrt{4})(\sqrt{3})$.
Ahora $\sqrt{4} = 2$ y por eso reescribe $(\sqrt{4})(\sqrt{3})$ como $2\sqrt{3}$.
Así, $\sqrt{12}$ es $2\sqrt{3}$.

Simplifica $\sqrt{18}$.
Encuentra los factores de 18.
$$(9)(2) = 18$$
$$(3)(6) = 18$$
¿Son cuadrados perfectos cualquiera de estos factores?
Nueve es un cuadrado perfecto, de modo que $\sqrt{18}$ puede simplificarse.
Reescribe $\sqrt{18}$ como $(\sqrt{9})(\sqrt{2})$.
Ahora $\sqrt{9} = 3$, de modo que reescribe $(\sqrt{9})(\sqrt{2})$ como $3\sqrt{2}$.
Así, $\sqrt{18}$ es $3\sqrt{2}$.

RASCACABEZAS 38

Factoriza las expresiones radicales siguientes para simplificarlas.

1. $\sqrt{20}$ 4. $\sqrt{24}$

2. $\sqrt{8}$ 5. $\sqrt{32}$

3. $\sqrt{27}$ 6. $\sqrt{125}$

(Las respuestas están en la página 202).

División de radicales

REGLA 4: Si dos números bajo el signo radical están divididos, pueden reescribirse bajo dos signos radicales distintos y separados por un signo de división.

$\sqrt{\dfrac{9}{4}}$ puede reescribirse como $\dfrac{\sqrt{9}}{\sqrt{4}}$

$\sqrt{\dfrac{25}{36}}$ puede reescribirse como $\dfrac{\sqrt{25}}{\sqrt{36}}$

$\sqrt{\dfrac{64}{16}}$ puede reescribirse como $\dfrac{\sqrt{64}}{\sqrt{16}}$.

Para obtener la raíz cuadrada de un número racional, debes reescribir el problema y colocar el numerador y el denominador bajo dos signos radicales separados. Luego debes encontrar la raíz cuadrada de cada uno de estos números. Mira cómo se hace y ten la seguridad que *no tendrás dolor* al hacerlo.

Simplifica $\sqrt{\dfrac{9}{4}}$.
Reescribe el problema como $\dfrac{\sqrt{9}}{\sqrt{4}}$.
Resuelve $\sqrt{9}$ y $\sqrt{4}$.

$$\sqrt{9} = 3 \quad y \quad \sqrt{4} = 2$$

Así, $\sqrt{\dfrac{9}{4}} = \dfrac{3}{2}$.

Simplifica $\sqrt{\frac{x^2}{16}}$.

Reescribe el problema como $\frac{\sqrt{x^2}}{\sqrt{16}}$.

En este ejemplo, $x = 0$.

Soluciona la expresión como $\sqrt{x^2}$ y como $\sqrt{16}$.

$$\sqrt{x^2} = x \ \ y \ \ \sqrt{16} = 4$$

Así, $\sqrt{\frac{x^2}{16}} = \frac{x}{4}$.

Simplifica $\sqrt{\frac{3}{25}}$.

Reescribe el problema como $\frac{\sqrt{3}}{\sqrt{25}}$.

Soluciona la expresión como $\sqrt{3}$ y como $\sqrt{25}$.

$\sqrt{3}$ no puede simplificarse; $\sqrt{25} = 5$

Así, $\sqrt{\frac{3}{25}} = \frac{\sqrt{3}}{5}$.

Simplifica $\sqrt{\frac{49}{5}}$.

Reescribe el problema como $\frac{\sqrt{49}}{\sqrt{5}}$.

Resuelve como $\sqrt{49}$ y como $\sqrt{5}$.

$\sqrt{49} = 7$; $\sqrt{5}$ no puede simplificarse.

Así, $\sqrt{\frac{49}{5}} = \frac{7}{\sqrt{5}}$.

Tal es la respuesta. Sin embargo, la respuesta tiene un signo radical en el denominador y, cuando esto ocurre, la respuesta no se considera simplificada. Para simplificar esta expresión, debes racionalizar el denominador. Veamos cómo.

Cómo racionalizar el denominador

Una expresión radical no está simplificada si hay una expresión radical en el denominador.

$\frac{3}{\sqrt{2}}$ no está simplificada porque $\sqrt{2}$ está en el denominador.

$\frac{\sqrt{5}}{\sqrt{3}}$ no está simplificada porque $\sqrt{3}$ está en el denominador.

$\frac{5}{\sqrt{x}}$ no está simplificada porque $\sqrt{x}$ está en el denominador.

REGLA 5: El numerador y el denominador de una expresión radical pueden multiplicarse por el mismo número sin que eso cambie el valor de la expresión.

Esto te ayudará a eliminar expresiones radicales en el denominador.

Para eliminar una expresión radical en el denominador de una expresión racional, sigue estos pasos *indoloros*.

Paso 1: Identifica la expresión radical en el denominador.

Paso 2: Construye una fracción en la que esta expresión radical forme parte tanto de su numerador como de su denominador.

Paso 3: Multiplica la expresión original por la fracción.

Paso 4: Pon las dos raíces cuadradas en el denominador bajo el mismo signo radical.

Paso 5: Obtén la raíz cuadrada del número en el denominador. El resultado será la respuesta.

¿Te parece complicado? ¡Qué va!

Racionaliza el denominador en la expresión $\frac{3}{\sqrt{2}}$.

Paso 1: Identifica la expresión radical en el denominador. La expresión radical en el denominador es $\sqrt{2}$.

Paso 2: Construye una fracción en la que esta expresión radical forma parte tanto de su numerador como de su denominador. El valor de la fracción es 1.

$$\frac{\sqrt{2}}{\sqrt{2}} = 1$$

Paso 3: Multiplica la expresión original por esta nueva expresión.

$$\left(\frac{3}{\sqrt{2}}\right)\left(\frac{\sqrt{2}}{\sqrt{2}}\right) = \frac{3\sqrt{2}}{\sqrt{2}\sqrt{2}}$$

Paso 4: Pon las dos raíces cuadradas en el denominador bajo el mismo signo radical.

$$\frac{3\sqrt{2}}{\sqrt{2}\sqrt{2}} = \frac{3\sqrt{2}}{\sqrt{4}}$$

Paso 5: Obtén la raíz cuadrada del número en el denominador.

$$\frac{3\sqrt{2}}{\sqrt{4}} = \frac{3\sqrt{2}}{2}$$

El resultado es la solución.

$$\frac{3}{\sqrt{2}} = \frac{3\sqrt{2}}{2}$$

Simplifica $\sqrt{\frac{25}{3}}$.

Paso 1: Identifica la expresión radical en el denominador.

$$\sqrt{\frac{25}{3}} = \frac{\sqrt{25}}{\sqrt{3}} = \frac{5}{\sqrt{3}}$$

$\sqrt{3}$ es la expresión radical en el denominador.

Paso 2: Construye una fracción en la que esta expresión radical forma parte tanto de su numerador como de su denominador.

$$\frac{\sqrt{3}}{\sqrt{3}} = 1$$

Mira cuánto sabes.

Paso 3: Multiplica la expresión original por esta fracción.

$$\frac{5}{\sqrt{3}} \cdot \frac{\sqrt{3}}{\sqrt{3}} = \frac{5\sqrt{3}}{\sqrt{3}\sqrt{3}}$$

Paso 4: Pon las dos raíces cuadradas en el denominador bajo el mismo signo radical.

$$\frac{5\sqrt{3}}{\sqrt{3}\sqrt{3}} = \frac{5\sqrt{3}}{\sqrt{9}}$$

Paso 5: Obtén la raíz cuadrada del número en el denominador. El denominador es $\sqrt{9}$.

$$\frac{5\sqrt{3}}{\sqrt{9}} = \frac{5\sqrt{3}}{3}$$

La respuesta es la solución.

$$\sqrt{\frac{25}{3}} = \frac{5\sqrt{3}}{3}$$

RASCACABEZAS 39

Racionaliza el denominador en las expresiones siguientes.

1. $\frac{5}{\sqrt{3}}$

2. $\frac{10}{\sqrt{2}}$

3. $\sqrt{\frac{16}{3}}$

4. $\sqrt{\frac{36}{7}}$

(Las respuestas están en la página 203).

Suma y resta de expresiones radicales

Regla 6: Las expresiones radicales pueden sumarse y restarse si los índices son los mismos y todos los números bajo el signo radical son los mismos. La suma de expresiones radicales requiere sumar los coeficientes.

$2\sqrt{3} + 3\sqrt{3}$

Primero asegúrate de que los signos radicales tengan el mismo índice.

Ninguna de las dos expresiones tiene índice alguno, por lo que debemos suponer que el índice de cada expresión es dos.

Luego asegúrate de que ambas expresiones radicales tengan la misma cantidad bajo el signo radical. Ambas expresiones tienen 3 bajo el signo radical.

Suma $2\sqrt{3}$ y $3\sqrt{3}$ mediante la suma de los coeficientes.

El coeficiente de $2\sqrt{3}$ es 2.

El coeficiente de $3\sqrt{3}$ es 3.

Suma los coeficientes: $2 + 3 = 5$.

Añade la expresión radical $\sqrt{3}$.

Así, $2\sqrt{3} + 3\sqrt{3} = 5\sqrt{3}$.

$\sqrt[3]{5} + 5\sqrt[3]{5}$

Verifica de que los signos radicales tengan el mismo índice.

El índice en ambas expresiones es tres.

Luego ve si ambas expresiones radicales tienen la misma cantidad bajo el signo radical. Ambas expresiones tienen 5 bajo el signo radical.

Que ambas expresiones tengan el mismo índice y la misma expresión bajo el signo radical significa que pueden sumarse.

Para sumar $\sqrt[3]{5}$ y $5\sqrt[3]{5}$, suma los coeficientes.

El coeficiente de $\sqrt[3]{5}$ es 1.

El coeficiente de $5\sqrt[3]{5}$ es 5.

Los coeficientes son 1 y 5: $1 + 5 = 6$.

Añade la expresión radical $\sqrt[3]{5}$.

Así, $\sqrt[3]{5} + 5\sqrt[3]{5} = 6\sqrt[3]{5}$.

$\sqrt{x} - 4\sqrt{x}$

Asegúrate primero de que los signos radicales tengan el mismo índice. Como no se ve índice alguno en estas expresiones, debemos suponer que el índice es dos.

Luego asegúrate de que ambas expresiones radicales tengan la misma cantidad bajo el signo radical. Ambas expresiones tienen x bajo el signo radical, lo cual indica que pueden restarse.

Para restar $\sqrt{x} - 4\sqrt{x}$ debes restar los coeficientes.

El coeficiente de $\sqrt{x}$ es 1.
El coeficiente de $4\sqrt{x}$ es 4.
Resta los coeficientes: $1 - 4 = -3$.

Añade la expresión radical $\sqrt{x}$.
Así, $\sqrt{x} - 4\sqrt{x} = -3\sqrt{x}$.

Peligro—¡Errores Terribles!

Los signos radicales que tienen distintos índices no pueden sumarse ni restarse.

Los signos radicales que tienen distintos números bajo el signo radical no pueden restarse ni sumarse.

$\sqrt{x}$ y $\sqrt{2x}$ no pueden sumarse ni restarse—

$\sqrt{x}$ y $\sqrt{2x}$ tienen el mismo índice, pero no tienen la misma expresión bajo el signo radical.

$\sqrt[3]{7}$ y $\sqrt[4]{7}$ no pueden sumarse ni restarse—

$\sqrt[3]{7}$ y $\sqrt[4]{7}$ no tienen el mismo índice aunque sí tienen el mismo número bajo el signo radical.

RASCACABEZAS 40

Suma y resta las expresiones radicales siguientes.

1. $7\sqrt{2} + \sqrt{2}$ 4. $9\sqrt{5} - \sqrt{5}$

2. $3\sqrt{3} + \sqrt{3}$ 5. $2\sqrt{x} - 2\sqrt{x}$

3. $5\sqrt[4]{x} + 2\sqrt[4]{x}$ 6. $5\sqrt{2x} - 2\sqrt{2x}$

(Las respuestas están en la página 203).

Exponentes fraccionarios

Regla 7: Las expresiones radicales pueden escribirse como exponentes fraccionarios. El numerador del exponente es la potencia del radicando. El denominador del exponente es el índice. Observa.

$\sqrt[3]{x^2}$ es lo mismo que $x^{\frac{2}{3}}$.

Para cambiar una expresión radical a una expresión con exponentes fraccionarios debes seguir estos pasos:

Paso 1: Copia la base bajo el signo radical. Colócala entre paréntesis.

Paso 2: Haz al exponente el numerador de la expresión.

Paso 3: Haz al índice el denominador de la expresión.

Cambia $\sqrt[3]{2^5}$ a una expresión con exponente fraccionario.

Paso 1: Copia el número o la expresión bajo el signo radical y ponlo entre paréntesis.
Dos es la base del radicando. Copia el dos y ponlo entre paréntesis.
$$(2)$$

Paso 2: Haz al exponente el numerador de la expresión. Cinco es el exponente. Hazlo el numerador.
$$(2)^{\frac{5}{?}}$$

Paso 3: Haz al índice el denominador de la expresión. Tres es el índice. Hazlo el denominador.
$$(2)^{\frac{5}{3}}$$
Respuesta: $\sqrt[3]{2^5} = (2)^{\frac{5}{3}}$

Cambia $\sqrt{5}$ a una expresión con exponente fraccionario.

Paso 1: Copia el número o expresión bajo el signo radical. Pon toda la expresión entre paréntesis.
Copia el cinco.

$$(5)$$

Paso 2: Haz al exponente del radicando el numerador de la expresión.
El exponente es uno. Hazlo el numerador.

$$(5)^{\frac{1}{?}}$$

Paso 3: Haz al índice el denominador de la expresión. Como no hay índice, el índice será dos. Haz dos el denominador.

$$(5)^{\frac{1}{2}}$$

Respuesta: $\sqrt{5} = (5)^{\frac{1}{2}}$

¡Fuerza!
Yo sé que
puedes.

Cambia $\sqrt{(3xy)^3}$ a una expresión con exponente fraccionario.

Paso 1: Copia el número o expresión bajo el signo radical. Pon toda la expresión entre paréntesis. Pon la expresión $3xy$ entre paréntesis.

$$(3xy)$$

Paso 2: Haz al exponente el numerador de la expresión. Tres es el exponente. Hazlo el numerador.
$$(3xy)^{\frac{3}{?}}$$

Paso 3: Haz al índice el denominador de la expresión. El índice es dos. Haz dos el denominador.
$$(3xy)^{\frac{3}{2}}$$
Respuesta: $\sqrt{(3xy)^3} = (3xy)^{\frac{3}{2}}$

Regla 8: Las potencias con exponentes fraccionarios pueden ser cambiadas por expresiones radicales. El numerador del exponente es la potencia bajo el radicando. El denominador del exponente se convierte en el índice del signo radical.

Para cambiar una potencia con exponente fraccionario a una expresión radical, sigue estos pasos.

Paso 1: Escribe la base de la potencia bajo un signo radical.

Paso 2: Eleva el número o expresión bajo el signo radical a la potencia del numerador.

Paso 3: Haz al denominador de la potencia el índice del signo radical.

Cambia $x^{\frac{1}{3}}$ a una expresión radical.

Paso 1: Escribe la base de la potencia bajo un signo radical. Escribe x bajo el signo radical.
$$\sqrt{x}$$

Paso 2: Eleva el número bajo el signo radical a la potencia del numerador.
Eleva x a la potencia de 1. Como 1 es el exponente, no es necesario escribirlo.
$$\sqrt{x^1} = \sqrt{x}$$

Paso 3: Haz al denominador de la potencia el índice del signo radical.

Respuesta: $x^{\frac{1}{3}} = \sqrt[3]{x}$ $\sqrt[3]{x}$

Cambia $(3xy)^{\frac{3}{2}}$ a una expresión radical.

Paso 1: Escribe la base de la potencia bajo un signo radical. La cantidad $3xy$ es elevada a la potencia de $\frac{3}{2}$, de modo que $3xy$ es la base de la expresión.

$$\sqrt{3xy}$$

Paso 2: Eleva el número bajo el signo radical a la potencia del numerador. El numerador es 3. Eleva $3xy$ a la tercera potencia. Ten cuidado—$\sqrt{3xy^3}$ no es lo mismo que $\sqrt{(3xy)^3}$.

$$\sqrt{(3xy)^3}$$

Paso 3: Haz al denominador de la potencia el índice del signo radical.

El denominador es dos. Haz a 2 el índice del signo radical.

$$\sqrt[2]{(3xy)^3}$$

Cuando 2 es el índice, no es necesario escribirlo.

$$\sqrt[2]{(3xy)^3} = \sqrt{(3xy)^3}$$

Respuesta: $(3xy)^{\frac{3}{2}} = \sqrt{(3xy)^3}$

RASCACABEZAS 41

Cambia estas expresiones radicales a expresiones con exponentes fraccionarios.

1. $\sqrt{5}$

2. $\sqrt{x}$

3. $\sqrt[3]{12}$

4. $\sqrt[5]{7^2}$

5. $\sqrt[3]{(2x)^2}$

(Las respuestas están en la página 203).

RASCACABEZAS 42

Cambia estas expresiones con exponentes fraccionarios a expresiones radicales.

1. $10^{\frac{1}{2}}$

2. $3^{\frac{1}{3}}$

3. $(5xy)^{\frac{1}{2}}$

4. $7^{\frac{2}{3}}$

5. $(9x)^{\frac{2}{3}}$

(Las respuestas están en la página 204).

SUPERRASCACABEZAS

Resuelve.

1. $\sqrt[3]{125}$

2. $\sqrt[3]{-27}$

3. $\sqrt{12}$

4. $\sqrt{-49}$

5. $\sqrt{(8)(2)}$

6. $\sqrt{12}\,\sqrt{3}$

7. $\sqrt{32}$

8. $\frac{8}{\sqrt{5}}$

9. $2\sqrt{3} - 4\sqrt{3}$

10. $(5\sqrt{2})(2\sqrt{18})$

(Las respuestas están en la página 204)

PROBLEMAS VERBALES

Observa cómo se resuelven estos problemas verbales con raíces y radicales.

PROBLEMA 1: La raíz cuadrada de un número más dos veces la raíz cuadrada del mismo número es doce. ¿Cuál es el número?

Primero, cambia este problema del español corriente al Idioma Matemático.

"La raíz cuadrada de un número" se convierte en "$\sqrt{x}$."

"Más" se convierte en "+".

"Dos veces la raíz cuadrada del mismo número" se convierte en "$2\sqrt{x}$."

"Es" se convierte en "=".

"Doce" se convierte en "12".

Ahora puedes cambiar este problema a una ecuación.
$\sqrt{x} + 2\sqrt{x} = 12$

Resuelve ahora esta ecuación.

Suma $\sqrt{x} + 2\sqrt{x}$. Sumar estas dos expresiones es posible porque ambas tienen el mismo radicando y el mismo índice.

$\sqrt{x} + 2\sqrt{x} = 3\sqrt{x}$

La nueva ecuación es $3\sqrt{x} = 12$.

Divide por 3 ambos lados de la ecuación.

$\frac{3\sqrt{x}}{3} = \frac{12}{3}$

Calcula.

$\sqrt{x} = 4$

Eleva al cuadrado ambos lados de la ecuación.

$(\sqrt{x})^2 = (4)^2$

Calcula.

$x = 16$

El número es 16.

PROBLEMA 2: Santos vive en Concepción. Sara vive nueve millas al este de Santos. Teresa vive doce millas al norte de Sara. ¿Cuán lejos vive Santos de Teresa?

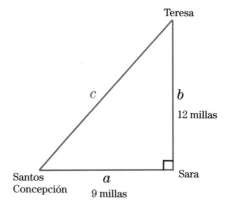

El primer paso consiste en cambiar este problema del español corriente al Idioma Matemático. Para eso, haz un dibujo del problema. El dibujo debiera ser un triángulo recto. La distancia de la casa de Santos a la casa de Teresa es la hipotenusa del triángulo recto.

Para encontrar esta distancia, usa la fórmula $a^2 + b^2 = c^2$.

"a" es la distancia de la casa de Santos a la casa de Sara, es decir, 9.

"b" es la distancia de la casa de Sara a la casa de Teresa, es decir, 12.

"c" es la distancia de la casa de Santos a la casa de Teresa, la cual desconocemos.

Para resolver el problema, substituye estos valores en la ecuación.

$9^2 + (12)^2 = c^2$

Determina el valor de 9^2 y 12^2.

$9^2 = 81$ y $(12)^2 = 144$.

Substituye estos valores dentro de la ecuación original.

$81 + 144 = c^2$

$225 = c^2$

Obtén la raíz cuadrada a ambos lados de esta ecuación.

$15 = c$

Hay 15 millas desde la casa de Santos a la casa de Teresa.

RASCACABEZAS—RESPUESTAS

Rascacabezas 32, página 168

1. $\sqrt{9} = 3$

2. $\sqrt{25} = 5$

3. $\sqrt{36} = 6$

4. $\sqrt{81} = 9$

5. $\sqrt{49} = 7$

6. $\sqrt{100} = 10$

7. $\sqrt{16} = 4$

8. $\sqrt{4} = 2$

9. $\sqrt{64} = 8$

10. $\sqrt{1} = 1$

Rascacabezas 33, página 172

1. $\sqrt[3]{27} = 3$

2. $\sqrt[3]{64} = 4$

3. $\sqrt[5]{1} = 1$

4. $\sqrt[4]{16} = 2$

5. $\sqrt[3]{125} = 5$

6. $\sqrt[10]{0} = 0$

Rascacabezas 34, página 173

1. If $\sqrt[x]{16} = 4$, then $x = 2$.

2. If $\sqrt[x]{16} = 2$, then $x = 4$.

3. If $\sqrt[x]{25} = 5$, then $x = 2$.

4. If $\sqrt[x]{125} = 5$, then $x = 3$.

5. If $\sqrt[x]{8} = 2$, then $x = 3$.

Rascacabezas 35, página 177

1. $\sqrt{-64}$ is undefined.

2. $\sqrt[4]{-16}$ is undefined.

3. $\sqrt[3]{-27} = -3$

4. $\sqrt[5]{-32} = -2$

5. $\sqrt{-49}$ is undefined.

6. $\sqrt[9]{-1} = -1$

Rascacabezas 36, página 180

1. $\sqrt{(16)(9)} = 12$

2. $\sqrt{(64)(100)} = 80$

3. $\sqrt{25y^2} = 5y$

4. $\sqrt{(4)(11)} = 2\sqrt{11}$

5. $\sqrt{9y} = 3\sqrt{y}$

Rascacabezas 37, página 182

1. $(\sqrt{3})(\sqrt{3}) = 3$

2. $(\sqrt{8})(\sqrt{2}) = 4$

3. $(\sqrt{12})(\sqrt{3}) = 6$

4. $(\sqrt{x})(\sqrt{x}) = x$

5. $(\sqrt{x^3})(\sqrt{x}) = x^2$

¡Ahora sí que estás avanzando!

Rascacabezas 38, página 184

1. $\sqrt{20} = 2\sqrt{5}$

2. $\sqrt{8} = 2\sqrt{2}$

3. $\sqrt{27} = 3\sqrt{3}$

4. $\sqrt{24} = 2\sqrt{6}$

5. $\sqrt{32} = 4\sqrt{2}$

6. $\sqrt{125} = 5\sqrt{5}$

Rascacabezas 39, página 188

1. $\dfrac{5}{\sqrt{3}} = \dfrac{5\sqrt{3}}{3}$

2. $\dfrac{10}{\sqrt{2}} = \dfrac{10\sqrt{2}}{2} = 5\sqrt{2}$

3. $\sqrt{\dfrac{16}{3}} = \dfrac{4\sqrt{3}}{3}$

4. $\sqrt{\dfrac{36}{7}} = \dfrac{6\sqrt{7}}{7}$

Rascacabezas 40, página 191

1. $7\sqrt{2} + \sqrt{2} = 8\sqrt{2}$

2. $3\sqrt{3} + \sqrt{3} = 4\sqrt{3}$

3. $5\sqrt[4]{x} + 2\sqrt[4]{x} = 7\sqrt[4]{x}$

4. $9\sqrt{5} - \sqrt{5} = 8\sqrt{5}$

5. $2\sqrt{x} - 2\sqrt{x} = 0$

6. $5\sqrt{2x} - 2\sqrt{2x} = 3\sqrt{2x}$

Rascacabezas 41, página 196

1. $\sqrt{5} = 5^{\frac{1}{2}}$

2. $\sqrt{x} = x^{\frac{1}{2}}$

3. $\sqrt[3]{12} = 12^{\frac{1}{3}}$

4. $\sqrt[5]{7^2} = 7^{\frac{2}{5}}$

5. $\sqrt[3]{(2x)^2} = (2x)^{\frac{2}{3}}$

Rascacabezas 42, página 196

1. $10^{\frac{1}{2}} = \sqrt{10}$

2. $3^{\frac{1}{3}} = \sqrt[3]{3}$

3. $(5xy)^{\frac{1}{2}} = \sqrt{5xy}$

4. $7^{\frac{2}{3}} = \sqrt[3]{7^2}$

5. $(9x)^{\frac{2}{3}} = \sqrt[3]{(9x)^2}$

Superrascacabezas, página 197

1. $\sqrt[3]{125} = 5$

2. $\sqrt[3]{-27} = -3$

3. $\sqrt{12} = 2\sqrt{3}$

4. $\sqrt{-49}$ es indefinida.

5. $\sqrt{(8)(2)} = 4$

6. $\sqrt{12}\,\sqrt{3} = 6$

7. $\sqrt{32} = 4\sqrt{2}$

8. $\frac{8}{\sqrt{5}} = \frac{8\sqrt{5}}{5}$

9. $2\sqrt{3} - 4\sqrt{3} = -2\sqrt{3}$

10. $(5\sqrt{2})(2\sqrt{18}) = 60$

CAPÍTULO SIETE

Ecuaciones de segundo grado

Una ecuación de segundo grado es una ecuación con una variable elevada a la segunda potencia y ninguna variable elevada a más que la segunda potencia. Una ecuación de segundo grado tiene la forma $ax^2 + bx + c = 0$, en la que a no es igual a cero. Aquí tienes cinco ejemplos de ecuaciones de segundo grado. En todas estas ecuaciones hay un término x^2.

$$x^2 + 3x + 5 = 0$$
$$3x^2 - 4x + 3 = 0$$
$$-5x^2 - 2x = 7$$
$$x^2 + 3x = 0$$
(Observa que esta ecuación no posee un término numérico).
$$x^2 - 36 = 0$$
(Observa que esta ecuación no posee un término x).

Las ecuaciones siguientes no son de segundo grado.

$x^2 - 4x - 6$ no es una ecuación de segundo grado porque no tiene un signo igual.

$x^3 - 4x^2 + 2x - 1 = 0$ no es una ecuación de segundo grado pues tiene un término x^3.

$2x - 6 = 0$ no es una ecuación de segundo grado porque no tiene un término x^2.

Las ecuaciones de segundo grado se forman cuando una ecuación lineal se multiplica por la variable en la ecuación.

Si multiplicas la ecuación lineal $x + 3 = 0$ por x, el resultado es la ecuación de segundo grado $x^2 + 3x = 0$.

Si multiplicas $y - 7 = 0$ por y, el resultado será $2y^2 - 14y = 0$.

Si multiplicas $x - 6 = 0$ por x, el resultado será $x^2 - 6x = 0$.

¿Pudiste entender todo?

RASCACABEZAS 43

Multiplica las expresiones siguientes para formar ecuaciones de segundo grado.

1. $x(3x + 1) = 0$

2. $2x(x - 5) = 5$

3. $-x(2x - 6) = 0$

4. $4x(2x - 3) = -3$

(Las respuestas están en la página 248).

Las expresiones de segundo grado también se forman cuando se multiplican dos binomios de la forma $x - a$ o $x + a$. Los binomios siguientes son ecuaciones de segundo grado.

$$(x - 3)(x - 2) = 0$$
$$(x + 6)(x + 5) = 0$$
$$(2x - 5)(3x + 4) = 0$$

Para multiplicar dos binomios, se deben completar los pasos siguientes.

Paso 1: Multiplica los dos **primeros** términos.

Paso 2: Multiplica los dos términos **externos**.

Paso 3: Multiplica los dos términos **internos**.

Paso 4: Multiplica los dos **últimos** términos.

Paso 5: Suma los términos y simplifícalos.

¿Cree que es una pista?

Es el primer paso para resolver este caso.

Mira cómo se multiplican estas dos expresiones:

$$(x - 3)(x + 2) = 0$$

Paso 1: Multiplica los dos **primeros** términos.
$$(x - 3)(x + 2) = 0$$
Los dos primeros términos son x y x.
$$(x)(x) = x^2$$

Paso 2: Multiplica los dos términos **externos**.
$$(\boldsymbol{x} - 3)(x + \boldsymbol{2}) = 0$$
Los dos términos externos son x y 2.
$$(2)(x) = 2x$$

Paso 3: Multiplica los dos términos **internos**.
$$(x - \boldsymbol{3})(\boldsymbol{x} + 2) = 0$$
Los dos términos internos son -3 y x.
$$(-3)(x) = -3x$$

Paso 4: Multiplica los dos **últimos** términos.
$$(x - \boldsymbol{3})(x + \boldsymbol{2}) = 0$$
Los dos últimos términos son (2) y (-3).
$$(2)(-3) = -6$$

Paso 5: Suma los términos y simplifícalos.
Primero se suman los términos.
$$x^2 + 2x - 3x - 6 = 0$$
Luego se simplifican la expresión.
$$x^2 - x - 6 = 0$$

Mira cómo se multiplican estos dos binomios.

$(x - 5)(x + 5) = 0$

Paso 1: Multiplica los dos **primeros** términos.
$$(\boldsymbol{x} - 5)(\boldsymbol{x} + 5) = 0$$
Los dos primeros términos son x y x.
$$(x)(x) = x^2$$

Paso 2: Multiplica los dos términos **externos**.
$$(\boldsymbol{x} - 5)(x + \boldsymbol{5}) = 0$$
Los dos términos externos son x y 5.
$$(5)(x) = 5x$$

Paso 3: Multiplica los dos términos **internos**.
$$(x - \boldsymbol{5})(\boldsymbol{x} + 5) = 0$$
Los dos términos internos son -5 y x.
$$(-5)(x) = -5x$$

Paso 4: Multiplica los dos **últimos** términos.
$$(x - 5)(x + 5) = 0$$
Los dos últimos términos son -5 y 5.
$$(-5)(5) = -25$$

Paso 5: Suma los términos y simplifícalos.
Primero, suma los términos.
$$x^2 + 5x - 5x - 25 = 0$$
Simplifica esta expresión.
$$x^2 - 25 = 0$$

Mira cómo se multiplican estos binomios.

$$(3x - 5)(2x - 7) = 0$$

Paso 1: Multiplica los dos **primeros** términos.
$$(\mathbf{3x} - 5)(\mathbf{2x} - 7) = 0$$
Los dos primeros términos son $3x$ y $2x$.
$$(3x)(2x) = 6x^2$$

Paso 2: Multiplica los dos términos **externos**.
$$(\mathbf{3x} - 5)(2x - \mathbf{7}) = 0$$
Los dos términos externos son $3x$ y -7.
$$(3x)(-7) = -21x$$

Paso 3: Multiplica los dos términos **internos**.
$$(3x - \mathbf{5})(\mathbf{2x} - 7) = 0$$
Los dos términos internos son -5 y $2x$.
$$(-5)(2x) = -10x$$

Paso 4: Multiplica los dos **últimos** términos.
$$(3x - \mathbf{5})(2x - \mathbf{7}) = 0$$
Los dos últimos términos son -5 y -7.
$$(-5)(-7) = 35$$

Paso 5: Suma los términos y simplifícalos.
Suma primero los términos.
$$6x^2 - 21x - 10x + 35 = 0$$
Simplifica.
$$6x^2 - 31x + 35 = 0$$

Recuerda

Cuando multipliques dos binomios, debes recordar los pasos a seguir. Siempre debes multiplicar las partes de dos binomios en el orden siguiente.

PRIMEROS, EXTERNOS, INTERNOS, ÚLTIMOS

La palabra **Prexinul** parece uno de esos remedios que se compran en la farmacia, pero está hecha de las dos primeras letras de la fórmula **P**rimeros, **ex**ternos, **in**ternos, **úl**timos. ¡Recuerda **Prexinul** y siempre sabrás cómo hacerlo!

RASCACABEZAS 44

Multiplica estos binomios para formar ecuaciones de segundo grado.

1. $(x + 5)(x + 2) = 0$

2. $(x - 3)(x + 1) = 0$

3. $(2x - 5)(3x + 1) = 0$

4. $(x + 2)(x - 2) = 0$

(Las respuestas están en la página 248).

SOLUCIÓN DE ECUACIONES DE SEGUNDO GRADO POR FACTORIZACIÓN

Empecemos a factorizar.

Primero hay que ponerla en su forma estándar.

Ahora que sabes reconocer ecuaciones de segundo grado, ¿cómo puedes resolverlas? La manera más fácil de solucionar la mayoría de las ecuaciones de segundo grado es mediante factorización. Sin embargo, antes de factorizar una ecuación de segundo grado, debes primero ponerla en su forma estándar. La forma estándar es $ax^2 + bx + c = 0$, en la que a, b, y c pueden ser cualquier número real, y en la que a no puede ser igual a cero.

Aquí hay cuatro ejemplos de ecuaciones de segundo grado en su forma estándar.

$$x^2 + x - 1 = 0$$
$$5x^2 + 3x - 2 = 0$$
$$-2x^2 - 2 = 0 \quad \text{En esta expresión, } b = 0.$$
$$4x^2 - 2x = 0 \quad \text{En esta expresión, } c = 0.$$

Y aquí hay tres ejemplos de ecuaciones de segundo grado que no están en la forma estándar.

$$3x^2 - 7x = 4$$
$$x^2 = 3x + 2$$
$$x^2 = 4$$

Si una ecuación no está en la forma estándar, tú la puedes poner en dicha forma mediante la suma y/o resta de los mismos términos a ambos lados de la ecuación.

Mira cómo estas ecuaciones de segundo grado se ponen en la forma estándar.

$3x^2 - 5x = 2$
Para poner esta ecuación en la forma estándar, resta 2 a ambos lados de la ecuación.
$$3x^2 - 5x - 2 = 2 - 2$$
Simplifica.
$$3x^2 - 5x - 2 = 0$$

$x^2 = 2x - 1$
Para poner esta ecuación en la forma estándar, resta $2x$ a ambos lados de la ecuación.
$$x^2 - 2x = 2x - 2x - 1$$
Simplifica.
$$x^2 - 2x = -1$$
Ahora suma 1 a ambos lados de la ecuación.
$$x^2 - 2x + 1 = -1 + 1$$
Simplifica la ecuación.
$$x^2 - 2x + 1 = 0$$

$4x^2 = 2x$

Para poner esta ecuación en la forma estándar, resta $2x$ a ambos lados de la ecuación.

$$4x^2 - 2x = 2x - 2x$$

Simplifica la ecuación.

$$4x^2 - 2x = 0$$

RASCACABEZAS 45

Cambia las ecuaciones de segundo grado siguientes a la forma estándar.

1. $x^2 + 4x = -6$

2. $2x^2 = 3x - 3$

3. $5x^2 = -5x$

4. $7x^2 = 7$

(Las respuestas están en la página 248).

Una vez que la ecuación está en la forma estándar, puedes resolverla mediante factorización. Recuerda que en la forma estándar, una ecuación de segundo grado tiene la forma $ax^2 + bx + c = 0$, en la que a no es igual a cero. Hay tres tipos de ecuación de segundo grado en la forma estándar y tú aprenderás a resolver cada una por separado.

Tipo I: Una ecuación de segundo grado de Tipo I tiene sólo dos términos. Su forma es $ax^2 + c = 0$. Una ecuación de segundo grado de Tipo I no tiene término al medio, de modo que $b = 0$.

Tipo II: Una ecuación de segundo grado de Tipo II tiene sólo dos términos. Su forma es $ax^2 + bx = 0$. Una ecuación de segundo grado de Tipo II no tiene término al final, de modo que $c = 0$.

Tipo III: Una ecuación de segundo grado de Tipo III tiene los tres términos. Su forma es $ax^2 + bx + c = 0$. En una ecuación de segundo grado de este tipo, a no es igual a cero, b no es igual a cero, y c no es igual a cero.

Veamos ahora cómo se resuelve cada uno de estos tipos.

Tipo I: En ecuaciones de segundo grado de Tipo I, b es igual a cero. Cuando $b = 0$, la ecuación de segundo grado no tiene un término x. Aquí hay ejemplos de ecuaciones de segundo grado en las que $b = 0$.

$$x^2 - 36 = 0$$
$$x^2 - 25 = 0$$
$$x^2 + 2 = 0$$
$$2x^2 - 18 = 0$$

¡Recuerda! La ecuación de Tipo I no tiene término al medio.

Para resolver ecuaciones de Tipo I, sigue los cuatro pasos siguientes.

Paso 1: Emplea la suma o la resta para mover el término x^2 a un lado del signo igual y el término numérico al otro lado del signo igual.

Paso 2: Usa la multiplicación o la división para eliminar el coeficiente al frente del término x^2.

Paso 3: Obtén la raíz cuadrada a ambos lados del signo igual. Cuando resuelvas ecuaciones de segundo grado, el símbolo $+/-$ significa que debes usar la raíz cuadrada positiva *y también* la raíz cuadrada negativa del número.

Paso 4: Verifica tu respuesta.

Mira ahora cómo se resuelve la siguiente ecuación de segundo grado.

Resuelve $x^2 - 36 = 0$.

Paso 1: Suma o resta para mover el término x^2 a un lado del signo igual y el término numérico al otro lado del signo igual. Suma 36 a ambos lados de la ecuación.
$$x^2 - 36 + 36 = 0 + 36$$
Simplifica.
$$x^2 = 36$$

Paso 2: Multiplica o divide para eliminar el coeficiente al frente del término x^2.
No hay coeficiente al frente del término x^2. Avanza al paso siguiente.

Paso 3: Obtén la raíz cuadrada a ambos lados de la ecuación.
$$\sqrt{x^2} = \sqrt{36}$$
La raíz cuadrada de x al cuadrado es x. Las raíces cuadradas de 36 son 6 y -6.
Solución: Si $x^2 = 36$, entonces $x = 6$ o $x = -6$.

Paso 4: Verifica tu respuesta.
Substituye x por 6 en la ecuación original.
La ecuación original es $x^2 - 36 = 0$.
Pon un 6 donde estaba la x.
$$(6)^2 - 36 = 0$$
Simplifica.
$$36 - 36 = 0$$
$$0 = 0 \text{ es una oración verdadera}$$
Así, $x = 6$ es una solución en la ecuación $x^2 - 36 = 0$.

Substituye x por -6 en la ecuación original.
La ecuación original es $x^2 - 36 = 0$.
Pon un -6 donde estaba la x.
$$(-6)^2 - 36 = 0$$
Simplifica.
$$36 - 36 = 0$$
$$0 = 0 \text{ es una oración verdadera.}$$
Así, $x = -6$ es una solución en la ecuación $x^2 - 36 = 0$.

Veamos ahora otro ejercicio.

Resuelve $2x^2 - 18 = 0$.

Paso 1: Suma o resta para mover el término x^2 a un lado del signo igual y el término numérico al otro lado del signo igual. Suma 18 a ambos lados de la ecuación.
$$2x^2 - 18 + 18 = 0 + 18$$
Simplifica.
$$2x^2 = 18$$

Paso 2: Multiplica o divide para eliminar el coeficiente al frente del término x^2.
Divide ambos lados de la ecuación por dos.
$$\frac{2x^2}{2} = \frac{18}{2}$$
Simplifica.
$$x^2 = 9$$

Paso 3: Obtén la raíz cuadrada a ambos lados de la ecuación.

$$\sqrt{x^2} = \sqrt{9}$$

La raíz cuadrada de x^2 es x. Las raíces cuadradas de 9 son 3 y -3.

Solución: Si $2x^2 = 18$, entonces $x = 3$ o $x = -3$.

Paso 4: Verifica tu respuesta.

Substituye x por 3 en la ecuación original.

La ecuación original es $2x^2 - 18 = 0$.

Pon 3 en lugar de x.

$$2(3)^2 - 18 = 0$$
$$2(9) - 18 = 0$$
$$18 - 18 = 0 \text{ es una oración verdadera.}$$

Así, $x = 3$ es una solución en la ecuación $2x^2 - 18 = 0$.

Ahora substituye x por -3 en la ecuación original.

La ecuación original es $2x^2 - 18 = 0$.

Pon -3 en lugar de x.

$$2(-3)^2 - 18 = 0$$
$$2(9) - 18 = 0$$
$$18 - 18 = 0 \text{ es una oración verdadera.}$$

Así, $x = -3$ es una solución en la ecuación $2x^2 - 18 = 0$.

Aquí hay otro problema.

Resuelve $4x^2 - 8 = 0$.

Paso 1: Suma o resta para dejar el término x^2 a un lado del signo igual y el término numérico al otro lado del signo igual.

Suma 8 a ambos lados de la ecuación.

$$4x^2 - 8 + 8 = 0 + 8$$

Simplifica.

$$4x^2 = 8$$

Paso 2: Multiplica o divide para eliminar el coeficiente al frente del término x^2.
Divide ambos lados de la ecuación por 4.

$$\frac{4x^2}{4} = \frac{8}{4}$$

Simplifica.

$$x^2 = 2$$

Paso 3: Obtén la raíz cuadrada a ambos lados de la ecuación.

$$\sqrt{x^2} = \sqrt{2}$$

La raíz cuadrada de x^2 es x. Dos no es un cuadrado perfecto, de modo que 2 es $+2$ o -2.
Solución: Si $4x^2$ es 8, entonces $x = \sqrt{2}$ o $x = -\sqrt{2}$.

Paso 4: Verifica tu respuesta.
Substituye x por $\sqrt{2}$ en la ecuación original.
La ecuación original es $4x^2 - 8 = 0$.
Pon $\sqrt{2}$ dondequiera haya x.
$$4(\sqrt{2})^2 - 8 = 0$$
$$4(2) - 8 = 0$$
$$8 - 8 = 0 \text{ es una oración verdadera.}$$
Así, $x = 2$ es una solución en la ecuación $4x^2 - 8 = 0$.

Substituye x por $-\sqrt{2}$ en la ecuación original.
La ecuación original es $4x^2 - 8 = 0$.
Pon $-\sqrt{2}$ dondequiera haya x.
$$4(-\sqrt{2})^2 - 8 = 0$$
$$4(2) - 8 = 0$$
$$8 - 8 = 0 \text{ es una oración verdadera}$$
Así, $x = -2$ también es una solución en la ecuación $4x^2 - 8 = 0$.

RASCACABEZAS 46

Resuelve las siguientes ecuaciones de segundo grado de Tipo I.

1. $x^2 - 25 = 0$ 4. $2x^2 - 32 = 0$

2. $x^2 - 49 = 0$ 5. $x^2 - 15 = 0$

3. $3x^2 - 27 = 0$ 6. $3x^2 - 20 = 10$

(Las respuestas están en la página 248).

Tipo II: En las ecuaciones de segundo grado de Tipo II, c es igual a cero. Cuando c es igual a cero, la ecuación de segundo grado no tiene término numérico. Aquí tienes ejemplos de ecuaciones de segundo grado en las que c es igual a cero.

$$x^2 + 10x = 0$$
$$x^2 + 5x = 0$$
$$x^2 - 3x = 0$$

La ecuación de Tipo II no tiene término al final.

Para resolver ecuaciones de Tipo II, sigue los pasos siguientes.

Paso 1: Factoriza sacando una x fuera de la ecuación.

Paso 2: Haz que ambos factores sean iguales a cero.

Paso 3: Resuelve ambas ecuaciones.

Paso 4: Verifica tu respuesta.

Observa cómo se solucionan estas ecuaciones de segundo grado de Tipo II.

Resolver $x^2 - 5x = 0$.

Paso 1: Factoriza sacando una x fuera de la ecuación.
$$x(x - 5) = 0$$

Paso 2: Haz que ambos factores sean iguales a cero.
$$x = 0; x - 5 = 0$$

Paso 3: Resuelve ambas ecuaciones.
La ecuación $x = 0$ está resuelta.
Para resolver $x - 5 = 0$, suma 5 a ambos lados de la ecuación.
$$x - 5 + 5 = 0 + 5$$
Simplifica.
$$x = 5$$
Solución: Si $x^2 - 5x = 0$, entonces $x = 5$ o $x = 0$.

Paso 4: Verifica tu respuesta.
Substituye x por 5 en la ecuación original.
La ecuación original es $x^2 - 5x = 0$.
$$(5)^2 - 5(5) = 0$$
$$25 - 25 = 0$$
$$0 = 0 \text{ es una oración verdadera.}$$
Así, $x = 5$ es una respuesta correcta.

Ahora substituye x por 0 en la ecuación original.
La ecuación original es $x^2 - 5x = 0$.
$$0^2 - 5(0) = 0$$
$0 = 0$ es una oración verdadera.
Así, tanto $x = 5$ como $x = 0$ son soluciones de la ecuación.

Resolver $2x^2 - 12x - 0$.

Paso 1: Factoriza sacando una x fuera de la ecuación.
$$x(2x - 12) = 0$$

Paso 2: Haz que ambos factores sean iguales a cero.
$$x = 0; 2x - 12 = 0$$

Paso 3: Resuelve ambas ecuaciones.
$x = 0$ ya está resuelta.
Resuelve $2x - 12 = 0$. Suma 12 a ambos lados de la ecuación.
$$2x - 12 + 12 = 0 + 12$$
Simplifica.
$$2x = 12$$
Divide ambos lados por 2.
$$x = 6$$

Paso 4: Verifica tu respuesta.
Substituye x por 6 en la ecuación original.
$2x^2 - 12x = 0$.
$$2(6)^2 - 12(6) = 0$$
$$2(36) - 12(6) = 0$$
$$72 - 72 = 0$$
$$0 = 0$$
Substituye x por 0 en la ecuación original.
$2x^2 - 12x = 0$.
$$2(0)^2 - 12(0) = 0$$
$$0 = 0$$
Así, tanto $x = 6$ como $x = 0$ son soluciones de la ecuación original.

RASCACABEZAS 47

Resuelve las ecuaciones siguientes.

1. $x^2 - 2x = 0$

2. $x^2 + 4x = 0$

3. $2x^2 - 6x = 0$

4. $\frac{1}{2}x^2 + 2x = 0$

(Las respuestas están en la página 249).

Tipo III: En una ecuación de segundo grado de este tipo, a no es igual a cero, b no es igual a cero, y c no es igual a cero. En su forma estándar, una ecuación de segundo grado de Tipo III tiene tres términos. Aquí hay ejemplos de ecuaciones de segundo grado de este tipo.

$$x^2 + 5x + 6 = 0$$
$$x^2 - 2x + 1 = 0$$
$$x^2 - 3x - 4 = 0$$

Para resolver una ecuación de segundo grado con tres términos, es necesario factorizarla en dos binomios. Sigue estos pasos.

Paso 1: Pon la ecuación en la forma estándar.

Paso 2: Factoriza el término x^2.

Paso 3: Enumera los pares de factores del término numérico.

Paso 4: Coloca un par de factores en paréntesis. Asegúrate de que la multiplicación de dos binomios dé como resultado la ecuación original. Si no es así, trata con otro par de factores hasta encontrar el par correcto.

Paso 5: Haz que cada uno de los binomios sea igual a cero.

Paso 6: Resuelve ambas ecuaciones.

Paso 7: Verifica tus respuestas.

Mira cómo se resuelve esta ecuación de segundo grado con sus tres términos.

Resolver $x^2 + 2x + 1 = 0$.

Paso 1: Pon la ecuación en la forma estándar.
Esta ecuación ya está en la forma estándar.
Avanza al paso siguiente.

Paso 2: Pon dos grupos de paréntesis y factoriza el término x^2. Pon los factores dentro de los paréntesis.
$$x^2 = (x)(x)$$
$$(x \quad)(x \quad) = 0$$

Paso 3: Enumera los posibles pares de factores del término numérico.
El término numérico es 1.
¿Cuáles son los posibles factores de 1?
$$(1)(1) = 1 \text{ y } (-1)(-1) = 1$$

Paso 4: Coloca un par de factores en paréntesis. Asegúrate de que la multiplicación de dos binomios dé como resultado la ecuación original. Si el resultado es la ecuación original, avanza al Paso 5. Si el resultado no es la ecuación original, trata con otro par de factores.

Recuerda que la de Tipo III tiene los tres términos y éstos no son iguales a cero.

Coloca (1) y (1) en los paréntesis.
$$(x + 1)(x + 1) = 0$$
Multiplica estos binomios. Multiplica los primeros términos, los términos externos, los términos internos y los últimos términos (*Prexinul*). Suma los resultados.
$$(x + 1)(x + 1) = x^2 + 1x + 1x + 1 = 0$$
Simplifica.
$$x^2 + 2x + 1 = 0$$
Esta es la ecuación original.
Por lo tanto, 1 y 1 son los factores correctos.

Paso 5: Haz que cada uno de los binomios sea igual a cero.
$$x + 1 = 0 \text{ y } x + 1 = 0$$

Paso 6: Resuelve las ecuaciones.
Ambas ecuaciones son iguales y por eso basta con resolver sólo una de ellas. Resta (-1) a ambos lados de la ecuación.
$$x + 1 - 1 = 0 - 1$$
Simplifica.
$$x = -1$$

Paso 7: Verifica tu respuesta.

Substituye -1 en la ecuación original.

$$x^2 + 2x + 1 = 0$$
$$(-1)^2 + 2(-1) + (1) = 0$$
$$1 + (-2) + 1 = 0$$
$$0 = 0$$

Así, $x = -1$ es la respuesta correcta.

Mira cómo esta otra ecuación se resuelve mediante factorización.

Resolver $x^2 - 5x + 4 = 0$.

Paso 1: Pon la ecuación en la forma estándar.

La ecuación ya está en la forma estándar. Avanza al paso siguiente.

Paso 2: Factoriza el término x^2 y pon los factores entre paréntesis.

$$(x \quad)(x \quad) = 0$$

Paso 3: Enumera todos los factores de 4, el término numérico.

$$(2)(2) = 4$$
$$(-2)(-2) = 4$$
$$(4)(1) = 4$$
$$(-4)(-1) = 4$$

Paso 4: Determina cuál es el par de factores del Paso 3 que, colocados dentro de los paréntesis y multiplicados, darán como resultado la ecuación original. Sólo un par dará el resultado correcto.

Pon los factores 2 y 2 dentro de los paréntesis.

$$(x + 2)(x + 2) = 0$$

Multiplica las dos expresiones.

$$x^2 + 2x + 2x + 4 = 0$$

Simplifica.

$$x^2 + 4x + 4 = 0$$

Esta no es la ecuación original; por eso, trata con otro par de factores.

Pon los factores 4 y 1 dentro de los paréntesis.

$$(x + 4)(x + 1) = 0$$

Multiplica los dos binomios.

$$x^2 + 1x + 4x + 4 = 0$$

Simplifica.

$$x^2 + 5x + 4 = 0$$

Esta no es la ecuación original; por eso, trata otro par de factores.

Pon los factores -2 y -2 dentro de los paréntesis.

$$(x - 2)(x - 2) = 0$$

Multiplica las dos expresiones.

$$x^2 - 2x - 2x + 4 = 0$$

Simplifica.

$$x^2 - 4x + 4 = 0$$

Esta no es la ecuación original; por eso, trata otro par de factores.

Pon los factores -4 y -1 dentro de los paréntesis.

$$(x - 4)(x - 1) = 0$$

Multiplica las dos expresiones.

$$x^2 - 4x - 1x + 5 = 0$$

Simplifica.

$$x^2 - 5x + 5 = 0$$

Esta es la ecuación original.

Por lo tanto, -4 y -1 son los factores correctos.

Paso 5: Haz que cada uno de los binomios sea igual a cero.

$$x - 4 = 0 \ \text{ and } \ x - 1 = 0$$

Paso 6: Resuelve cada una de las ecuaciones.

Resuelve $x - 4 = 0$. Suma 4 a ambos lados de la ecuación.

$$x - 4 + 4 = 0 + 4$$
$$x = 4$$

Ahora resuelve $x - 1 = 0$. Suma 1 a ambos lados de la ecuación.

$$x - 1 + 1 = 0 + 1$$
$$x = 1$$

Paso 7: Verifica tus respuestas.

Substituye 4 en la ecuación original, $x^2 - 5x + 4 = 0$.

$$4^2 - 5(4) + 4 = 0$$

Calcula el valor de esta expresión.

$$16 - 20 + 4 = 0$$
$$0 = 0$$

Esto prueba de que $x = 4$ es la solución correcta en esta ecuación.

Substituye ahora $x = 1$ en la ecuación original $x^2 - 5x + 4 = 0$.

$$(1)^2 - 5(1) + 4 = 0$$

Calcula el valor de esta expresión.

$$1 - 5 + 4 = 0$$
$$0 = 0$$

Así, $x = 1$ también es una solución en la ecuación $x^2 - 5x + 4 = 0$.

Esta ecuación tiene dos soluciones, $x = 4$ y $x = 1$.

Veamos ahora como una nueva ecuación de segundo grado se resuelve por factorización.

Resolver $2x^2 + 7x = -6$.

¡Esta todavía es del Tipo III!

Paso 1: Pon la ecuación en la forma estándar.

Suma 6 a ambos lados de la ecuación.

$$2x^2 + 7x + 6 = -6 + 6$$

Simplifica.

$$2x^2 + 7x + 6 = 0$$

Paso 2: Factoriza el término x^2 y pon los factores entre paréntesis.

Nota que el término x^2 tiene un 2 al frente. La única manera de factorizar $2x^2$ es $(2x)(x)$. Pon estos términos dentro de los paréntesis.

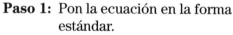

$$(2x \quad)(x \quad) = 0$$

Paso 3: Enumera todos los factores del término numérico.
Los factores de 6 son

$$(6)(1) = 6$$
$$(-6)(-1) = 6$$
$$(3)(2) = 6$$
$$(-3)(-2) = 6$$

Paso 4: Substituye cada par de factores numéricos dentro de los paréntesis. Asegúrate de que la multiplicación de los binomios dé como resultado la ecuación original.
Pon los factores 6 y 1 dentro de los paréntesis.

$$(2x + 6)(x + 1) = 0$$

Multiplica las dos expresiones para ver si obtienes la ecuación original.

$$2x^2 + 2x + 6x + 6 = 0$$

Simplifica.

$$2x^2 + 8x + 6 = 0$$

Esta no es la ecuación original, pero, antes de probar el siguiente grupo de factores, CAMBIA la posición de los números.

$$(2x + 1)(x + 6) = 0$$

Multiplica la ecuación.

$$2x^2 + 12x + 1x + 6 = 0$$

Simplifica.

$$2x^2 + 13x + 6 = 0$$

Al invertir la posición del 6 y el 1, se formó una nueva ecuación. Sin embargo, ésta tampoco es la ecuación original, así que pon el siguiente par de factores en la ecuación.

Substituye -6 y -1 dentro de los paréntesis.

$$(2x - 6)(x - 1) = 0$$

Multiplica para ver si obtienes la ecuación original.

$$2x^2 - 2x - 6x + 6 = 0$$

Simplifica.

$$2x^2 - 8x + 6 = 0$$

Ésta no es la ecuación original, pero, antes de probar el siguiente grupo de factores, CAMBIA la posición de los números.

$$(2x - 1)(x - 6) = 0$$

Multiplica los dos binomios.
$$2x^2 - 12x - 1x + 6 = 0$$
Simplifica.
$$2x^2 - 13x + 6 = 0$$
Al invertir la posición de -6 y -1 se formó una nueva ecuación. No obstante, ésta no es la ecuación original. Pon el siguiente par de factores en la ecuación.

Substituye 3 y 2 dentro de los paréntesis.
$$(2x + 3)(x + 2) = 0$$
Multiplica para ver si obtienes la ecuación original.
$$2x^2 + 4x + 3x + 6 = 0$$
Simplifica.
$$2x^2 + 7x + 6 = 0$$
Esta es la ecuación original.

Paso 5: Haz que cada uno de los binomios sea igual a cero.
$$2x + 3 = 0 \ \text{and} \ x + 2 = 0$$

Paso 6: Resuelve cada una de las ecuaciones.
$$2x + 3 = 0$$
Resta 3 a ambos lados de la ecuación.
$$2x + 3 - 3 = 0 - 3$$
$$2x = -3$$
Divide ambos lados por 2.
$$\frac{2x}{2} = -\frac{3}{2}$$
$$x = -\frac{3}{2}$$
Si $2x + 3 = 0$, entonces $x = -\frac{3}{2}$.

Resuelve $x + 2 = 0$
Resta 2 a ambos lados de la ecuación.
$$x + 2 - 2 = 0 - 2$$
$$x = -2$$
Si $x + 2 = 0$, entonces $x = -2$.

Paso 7: Verifica tu respuesta.

Substituye $x = -\frac{3}{2}$ y $x = -2$ en la ecuación original.

La ecuación original es $2x^2 + 7x + 6 = 0$

Primero substituye $x = -\frac{3}{2}$ en $2x^2 + 7x + 6$.

$$2\left(-\frac{3}{2}\right)^2 + 7\left(-\frac{3}{2}\right) + 6 = 0$$

Eleva $-\frac{3}{2}$ al cuadrado.

$$2\left(\frac{9}{4}\right) + 7\left(-\frac{3}{2}\right) + 6 = 0$$

Multiplica.

$$\frac{9}{2} - \frac{21}{2} + 6 = 0$$

Cambia 6 a $\frac{12}{2}$ y suma.

$$\frac{9}{2} - \frac{21}{2} + \frac{12}{2} = 0$$
$$0 = 0$$

Así, $x = -\frac{3}{2}$ es una solución en la ecuación $2x^2 + 7x + 6 = 0$.

Ahora, substituye $x = -2$ en la ecuación original. $2x^2 + 7x + 6 = 0$.

$$2(-2)^2 + 7(-2) + 6 = 0$$

Eleva (-2) al cuadrado.

$$2(4) + 7(-2) + 6 = 0$$
$$8 + (-14) + 6 = 0$$
$$0 = 0$$

Así, $x = -2$ es una solución en la ecuación $2x^2 + 7x + 6 = 0$.

RASCACABEZAS 48

Resuelve las ecuaciones siguientes mediante factorizacióno.

1. $x^2 + 10x + 24 = 0$

2. $x^2 + x - 12 = 0$

3. $2x^2 - 7x + 5 = 0$

4. $x^2 - 2x - 3 = 0$

(Las respuestas están en la página 249).

Aquí hay un último ejemplo.

Resolver $x^2 + x = -1$.

Paso 1: Pon la ecuación en la forma estándar.
Suma 1 a ambos lados de la ecuación.
$$x^2 + x + 1 = -1 + 1$$
Simplifica.
$$x^2 + x + 1 = 0$$

Paso 2: Factoriza el término x^2.
Hay un solo modo de factorizar el término x^2.
$$(x)(x) = x^2$$
Pon estos factores dentro de un par de paréntesis.
$$(x \quad)(x \quad) = 0$$

Paso 3: Enumera los factores del término numérico.

$$(1)(1) = 1$$
$$(-1)(-1) = 1$$

Paso 4: Substituye cada par de factores numéricos dentro de los paréntesis. Asegúrate de que la multiplicación de los binomios dé como resultado la ecuación original.

Pon 1 y 1 dentro de $(x \quad)(x \quad) = 0$.

$$(x + 1)(x + 1) = 0$$

Calcula el valor de esta expresión.

$$x^2 + 1x + 1x + 1 = 0$$

Simplifica.

$$x^2 + 2x + 1 = 0$$

Esta no es la ecuación original.

Trata el otro grupo de factores.
Pon -1 y -1 dentro de los paréntesis.

$$(x - 1)(x - 1) = 0$$

Calcula el valor de esta expresión.

$$x^2 - 1x - 1x + 1 = 0$$

Simplifica esta expresión.

$$x^2 - 2x + 1 = 0$$

Esta tampoco es la expresión original.

Algunas ecuaciones de segundo grado no pueden factorizarse, o bien son difíciles de factorizar. Para resolver estas ecuaciones, se inventó una fórmula especial para ecuaciones de segundo grado.

LA FÓRMULA PARA ECUACIONES DE SEGUNDO GRADO

Otra manera de resolver una ecuación de segundo grado es la de usar la fórmula creada especialmente para esto.

Cuando uses la fórmula para ecuaciones de segundo grado, podrás resolver los problemas sin necesidad de usar factorización. Bastará con poner la ecuación en la forma estándar, $ax^2 + bx + c = 0$, poner los valores correspondientes a a, b, y c, y luego simplificarlos.

$$\frac{-b \pm \sqrt{b^2 - 4ac}}{2a}$$

¡IDIOMA MATEMÁTICO!

Mira cómo se lee en español corriente la fórmula para ecuaciones de segundo grado.

$$\frac{-b \pm \sqrt{b^2 - 4ac}}{2a}$$

El b negativo más o menos la raíz cuadrada de la cantidad b al cuadrado menos cuatro veces a multiplicado por c, dividido todo por dos veces a.

El resultado será la respuesta. Cuando resuelvas ecuaciones de segundo grado empleando esta fórmula, obtendrás una respuesta, dos respuestas, o ninguna. Esto puede parecer complicado, pero *no te causará ningún dolor*. Todo lo que necesitas es seguir estos cuatro pasos.

Paso 1: Pon la ecuación de segundo grado en la forma estándar, $ax^2 + bx + c = 0$.

Paso 2: Substituye a, b, c por los valores dados.

En la ecuación de segundo grado $2x^2 - 6x + 4 = 0$, $a = 2$, $b = -6$, $c = 4$.
En la ecuación de segundo grado $x^2 - 5x - 3 = 0$, $a = 1$, $b = -5$, $c = -3$.
En la ecuación de segundo grado $4x^2 - 2 = 0$, $a = 4$, $b = 0$, $c = -2$.
En la ecuación de segundo grado $x^2 + 3x = 0$, $a = 1$, $b = 3$, $c = 0$.

Paso 3: Substituye a, b, c por los valores dados y encuentra el valor de x.

$$\frac{-b \pm \sqrt{b^2 - 4ac}}{2a}$$

Paso 4: Verifica tu respuesta.

Observa cómo se resuelve una ecuación de segundo grado mediante la fórmula.

Resolver $x^2 + 2x + 1 = 0$.

Paso 1: Pon la ecuación de segundo grado en la forma estándar, $ax^2 + bx + c = 0$.
La ecuación $x^2 + 2x + 1 = 0$ está en la forma estándar.
Avanza al paso siguiente.

Paso 2: Determina los valores de a, b, c.

El coeficiente frente al término x^2 es a, por eso, $a = 1$.
El coeficiente frente al término x es b, por eso, $b = 2$.
El número en la ecuación es c, por eso, $c = 1$.

Paso 3: Substituye a, b, c en la fórmula por los valores dados y resuélvela.

$$\frac{-b \pm \sqrt{b^2 - 4ac}}{2a} = \frac{-2 \pm \sqrt{2^2 - 4(1)(1)}}{2(1)}$$

Para calcular el valor de esta expresión, determina primero el valor de los números bajo el signo radical.

La expresión bajo el signo radical es $2^2 - 4(1)(1) = 4 - 4 = 0$.
El valor bajo el signo radical es 0.

Substituye la expresión bajo el signo radical por cero.

Divide
$$\frac{-2 \pm 0}{2(1)}$$
$$\frac{-2}{2} = -1$$

Paso 4: Verifica tu respuesta.
Substituye -1 en la ecuación original.
Si el resultado es una oración verdadera, entonces -1 es la respuesta correcta.
Substituye -1 en $x^2 + 2x + 1 = 0$.
$$(-1)^2 + 2(-1) + 1 = 0$$
Calcula.
$$1 + (-2) + 1 = 0$$
$$0 = 0$$
Así, $x = -1$ es la respuesta correcta.
Por lo tanto, $x^2 + 2x + 1 = 0$ en que $x = -1$.

Veamos ahora cómo se soluciona otra ecuación de segundo grado con la fórmula.

Resolver $2x^2 + 5x + 2 = 0$.

Paso 1: Pon la ecuación en la forma estándar.
La ecuación ya está en la forma estándar.
Avanza al paso siguiente.

Paso 2: Obtén los valores de a, b, c.
El coeficiente frente al término x^2 es a, por eso, $a = 2$.
El coeficiente frente al término x es b, por eso, $b = 5$.
El número en la ecuación es c, de modo que $c = 2$.

Paso 3: Substituye a, b, c en la fórmula por los valores dados.

$$\frac{-b \pm \sqrt{b^2 - 4ac}}{2a} = \frac{-5 \pm \sqrt{(5)^2 - 4(2)(2)}}{2(2)}$$

Calcula el valor bajo el signo radical.

$$(5)^2 = 25 \text{ y } (4)(2)(2) = 16$$
$$\sqrt{25 - 16} = \sqrt{9} = 3$$

Substituye 3 dentro de la ecuación.

$$\frac{-5 \pm 3}{4}$$

El numerador en esta expresión, -5 ± 3, se lee como "cinco negativo más o menos tres". Esta expresión crea dos expresiones separadas.

$$\frac{-5 + 3}{4} \text{ y } \frac{-5 - 3}{4}$$

Ahora las dos expresiones se leen "cinco negativo *más* tres y todo dividido por cuatro" y "cinco negativo *menos* tres y todo dividido por cuatro".

Calcula el valor de estas dos expresiones.

$$\frac{-5 + 3}{4} = \frac{-2}{4} = -\frac{1}{2} \quad \frac{-5 - 3}{4} = \frac{-8}{4} = -2$$

Las dos soluciones posibles son $-\frac{1}{2}$ y -2.

Para verificar que $-\frac{1}{2}$ y/o -2 son las respuestas correctas, substitúyelos en la ecuación original. Si cualquiera de los resultados es una oración verdadera, entonces la respuesta correspondiente es una respuesta correcta.

Paso 4: Verifica tu respuesta.

Comienza substituyendo $-\frac{1}{2}$ en la ecuación original.

$$2x^2 + 5x + 2 = 0$$

$$2\left(-\frac{1}{2}\right)^2 + 5\left(-\frac{1}{2}\right) + 2 = 0$$

Calcula. Empleando el orden de las operaciones, calcula primero el valor de los exponentes.

$$\left(-\frac{1}{2}\right)^2 = \frac{1}{4}$$

Substituye $\left(-\frac{1}{2}\right)^2$ por $\frac{1}{4}$.

$$2\left(\frac{1}{4}\right) + 5\left(-\frac{1}{2}\right) + 2 = 0$$

Ahora multiplica.

$$\frac{2}{4} + \left(-\frac{5}{2}\right) + 2 = 0$$

Como $\frac{2}{4}$ es igual a $\frac{1}{2}$, substituye $\frac{2}{4}$ por $\frac{1}{2}$.

$$\frac{1}{2} + \left(-\frac{5}{2}\right) + 2 = 0$$

Calcula.

$$-\frac{4}{2} + 2 = 0$$

$$0 = 0$$

Esta es una oración verdadera, de modo que $-\frac{1}{2}$ es una solución correcta.

Substituye la otra respuesta posible en la ecuación original.

Substituye -2 en la ecuación original, $2x^2 + 5x + 2 = 0$.

$$2(-2)^2 + 5(-2) + 2 = 0$$

Empleando el orden de las operaciones, el primer paso consiste en clarear el exponente. Como $(-2)^2 = 4$, substituye el primer término por 4.

$$2(4) + 5(-2) + 2 = 0$$

Luego multiplica los términos.
$$(2)(4) = 8; 5(-2) = (-10)$$

Substituye estos términos.
$$8 + (-10) + 2 = 0$$
$$0 = 0$$

Por lo tanto, -2 es una respuesta correcta.

A veces, la solución de una ecuación de segundo grado se llama también la *raíz*, de modo que $-\frac{1}{2}$ y -2 son las *raíces* de $2x^2 + 5x + 2 = 0$.

Verifiquemos
la raíz.

Aquí tienes otro ejemplo con la fórmula para ecuaciones de segundo grado.

Resolver $3x^2 + x - 2 = 0$.

Paso 1: Pon la ecuación en la forma estándar.

Paso 2: Determina los valores de a, b, c.
El coeficiente frente al término x^2 es a, de modo que $a = 3$.
El coeficiente frente al término x es b, de modo que $b = 1$.
El número en la ecuación es c, de modo que $c = -2$.

Paso 3: Substituye estos valores en la fórmula de segundo grado.

$$\frac{-b \pm \sqrt{b^2 - 4ac}}{2a} = \frac{-1 \pm \sqrt{1^2 - 4(3)(-2)}}{2(3)}$$

Para calcular el valor de esta expresión, calcula primero el valor de los números bajo el signo radical. $1^2 - 4(3)(-2)$ están bajo el signo radical.

$$1 - (-24) = 25$$

El valor bajo el signo radical es 25.
La raíz cuadrada de 25 es 5.

Substituye la expresión radical por 5.

$$\frac{-1 \pm 5}{2(3)}$$

Separa esta expresión en dos expresiones. Una debe tener el signo más y la otra el signo menos. Calcula el valor de cada una.

$$\frac{-1 + 5}{6} = \frac{4}{6} = \frac{2}{3} \qquad \frac{-1 - 5}{6} = \frac{-6}{6} = -1$$

Las dos soluciones posibles son $x = \frac{2}{3}$ y $x = -1$.

Para determinar que $\frac{2}{3}$ y/o -1 son las respuestas correctas, substituye cada una de ellas en la ecuación original. Si cualquiera de ellas resulta ser una oración verdadera, entonces la respuesta correspondiente es una solución correcta de la ecuación $3x^2 + x - 2 = 0$.

Paso 4: Verifica tus respuestas.

Substituye $\frac{2}{3}$ en la ecuación original, $3x^2 + x - 2 = 0$.

$$3\left(\frac{2}{3}\right)^2 + \left(\frac{2}{3}\right) - 2 = 0$$

Primero calcula el valor de la potencia.

$$\left(\frac{2}{3}\right)^2 = \frac{4}{9}$$

Substituye $\left(\frac{2}{3}\right)^2$ por $\frac{4}{9}$.

$$3\left(\frac{4}{9}\right) + \left(\frac{2}{3}\right) - 2 = 0$$

Luego multiplica.

$$(3)\left(\frac{4}{9}\right) = \frac{12}{9} = \frac{4}{3}$$

Substituye $(3)\left(\frac{4}{9}\right)$ por $\frac{4}{3}$.

$$\frac{4}{3} + \frac{2}{3} - 2 = 0$$

Luego, suma y resta.

$$\frac{4}{3} + \frac{2}{3} = \frac{6}{3} = 2$$
$$2 - 2 = 0$$
$$0 = 0$$

De este modo, $\frac{2}{3}$ es la solución de la ecuación $3x^2 + x - 2 = 0$.

Asegúrate de que -1 sea la respuesta correcta. Substituye x por -1 en la ecuación $3x^2 + x - 2 = 0$.

$$3(-1)^2 + (-1) - 2 = 0$$

Calcula primero el valor de la potencia.

$$(-1)^2 = 1$$

Substituye $(-1)^2$ por (1).

$$3(1) + (-1) - 2 = 0$$

Multiplica $(3)(1)$.

$$(3)(1) = 3$$

Substituye $(3)(1)$ por 3.

$$3 + (-1) - 2 = 0$$

Suma y resta.

$$0 = 0$$

Así, -1 es una solución de la ecuación $3x^2 + x - 2 = 0$.

Peligro—¡Errores Terribles!

± se lee como "más o menos". Cuando veas tal expresión, deberás tener dos respuestas.

$$5 \pm 3 = 5 + 3 \text{ o } 5 - 3$$
$$5 + 3 = 8; \ 5 - 3 = 2$$

Las dos respuestas de 5 ± 3 son 8 y 2.

RASCACABEZAS 49

Emplea la fórmula para ecuaciones de segundo grado y resuelve las siguientes.

1. $x^2 + 4x + 3 = 0$

2. $x^2 - x - 2 = 0$

3. $x^2 - 3x + 2 = 0$

4. $4x^2 + 4x + 1 = 0$

5. $x^2 = 36$

(Las respuestas están en la página 249).

PROBLEMAS VERBALES

Aquí hay dos problemas verbales que requieren factorización para ser resueltos. Lee cada uno con cuidado y observa cómo se encuentra la solución. *¿Dolor? ¡Ninguno!*

PROBLEMA 1: El producto de dos números relativos pares consecutivos es 48. Encuentra estos números relativos.

Cambia primero este problema del español corriente al Idioma Matemático.
La frase "el producto" significa multiplicación.
Representemos al primer número relativo con "x".
Representemos al segundo número relativo con "$x + 2$".
La palabra "es" significa "$=$".
"48" va al otro lado del signo igual.
Ahora el problema puede escribirse como $(x)(x + 2) = 48$.

Para resolverlo, multiplica.
$x^2 + 2x = 48$

Pon la ecuación en la forma estándar.
$x^2 + 2x - 48 = 0$
Factoriza.
$(x + 8)(x - 6) = 0$

Resuelve.
Si $x + 8 = 0$, entonces $x = -8$.
Si $x - 6 = 0$, entonces $x = 6$.

Los dos números relativos pares consecutivos se llamaron "x" y "$x + 2$".
Si $x = -8$, entonces $x + 2 = -6$.
Si $x = 6$, entonces $x + 2 = 8$.

Verifica ambos pares de respuestas.
$(-8)(-6) = 48$; -8 y -6 son una solución correcta.
$(6)(8) = 48$; 6 y 8 son una solución correcta.

PROBLEMA 2: El ancho de una piscina rectangular es 10 pies menos que el largo de esta piscina. La superficie de la piscina es de 600 pies cuadrados. ¿Cuál es el largo y el ancho de los lados de la piscina?

Cambia primero el problema del español corriente al Idioma Matemático.

Si el largo de la piscina es "l", entonces el ancho es "$l - 10$".

La superficie de cualquier rectángulo se obtiene multiplicando el largo por el ancho, de modo que la superficie de la piscina es $(l)(l - 10)$.

La superficie de la piscina es 600 pies cuadrados.

Por eso, el problema puede escribirse como $(l)(l - 10) = 600$.

Para resolverlo, multiplica esta ecuación.

$l^2 - 10l = 600$

Pon la ecuación en la forma estándar.

$l^2 - 10l - 600 = 0$

Factoriza esta ecuación.

$(l - 30)(l + 20) = 0$

Encuentra l.

Si $l - 30 = 0$, entonces $l = 30$.

Si $l + 20 = 0$, entonces $l = -20$.

El largo de la piscina no puede ser un número negativo, de modo que el largo debe ser 30 pies. Si el largo es 30 pies, entonces el ancho es $l - 10$, es decir, 20 pies.

Verifica tu respuesta.

$(30)(20) = 600$. Esto es correcto.

El largo de la piscina es 30 pies y el ancho es 20 pies.

¡Estoy seguro de que esta piscina es diez pies más larga que ancha!

SUPERRASCACABEZAS

Encuentra las x.

1. $(x + 5)(x - 3) = 0$

2. $x^2 - 3x + 2 = 0$

3. $2x^2 - 3x - 2 = 0$

4. $x(x + 2) = -1$

5. $x^2 - 100 = 0$

6. $2x^2 = 50$

7. $3x^2 - 12x = 0$

8. $3x^2 - 4x = -1$

9. $3(x + 2) = x^2 - 2x$

10. $5(x + 1) = 2(x^2 + 1)$

(Las respuestas están en la página 250).

RASCACABEZAS— RESPUESTAS

Rascacabezas 43, página 208

1. $3x^2 + x = 0$

2. $2x^2 - 10x = 5$

3. $-2x^2 + 6x = 0$

4. $8x^2 - 12x = -3$

Rascacabezas 44, página 214

1. $x^2 + 7x + 10 = 0$

2. $x^2 - 2x - 3 = 0$

3. $6x^2 - 13x - 5 = 0$

4. $x^2 - 4 = 0$

Rascacabezas 45, página 216

1. $x^2 + 4x + 6 = 0$

2. $2x^2 - 3x + 3 = 0$

3. $5x^2 + 5x = 0$

4. $7x^2 - 7 = 0$

Rascacabezas 46, página 222

1. $x = 5; x = -5$

2. $x = 7; x = -7$

3. $x = 3; x = -3$

4. $x = 4; x = -4$

5. $x = \sqrt{15}; x = -\sqrt{15}$

6. $x = \sqrt{10}; x = -\sqrt{10}$

Rascacabezas 47, página 225

1. $x = 2; x = 0$

2. $x = -4; x = 0$

3. $x = 3; x = 0$

4. $x = -4; x = 0$

Rascacabezas 48, página 234

1. $x = -6, x = -4$

2. $x = 3, x = -4$

3. $x = \frac{5}{2}, x = 1$

4. $x = 3, x = -1$

Rascacabezas 49, página 244

1. $x = -3, x = -1$

2. $x = 2, x = -1$

3. $x = 1, x = 2$

4. $x = -\frac{1}{2}$

5. $x = 6, x = -6$

Superrascacabezas, página 247

1. $x = -5; x = 3$

2. $x = 1; x = 2$

3. $x = -\frac{1}{2}; x = 2$

4. $x = -1$

5. $x = 10; x = -10$

6. $x = 5; x = -5$

7. $x = 0; x = 4$

8. $x = \frac{1}{3}; x = 1$

9. $x = 6; x = -1$

10. $x = -\frac{1}{2}; x = 3$

CAPÍTULO OCHO

Sistemas de ecuaciones

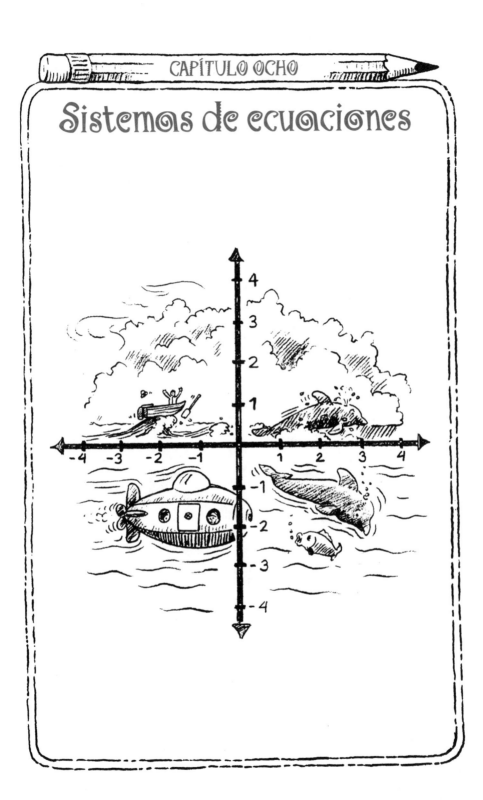

Algunas ecuaciones lineales tienen más de una variable. En este capítulo, aprenderás a resolver ecuaciones con dos variables. Aquí hay ejemplos de ecuaciones con dos variables:

$$3x + 2y = 7$$
$$4x - y = -5$$
$$x - y = 0$$
$$2x - 2y = 6$$

Es imposible resolver una ecuación con dos variables y obtener una sola solución. Por ejemplo, en la ecuación $x - y = 0$, hay una infinidad de respuestas posibles. De hecho, cada vez que $x = y$, entonces $x - y = 0$. Si $x = 5$ e $y = 5$, entonces $x - y = 0$. Si $x = 100$ e $y = 100$, entonces $x - y = 0$.

Pero si tú tienes dos ecuaciones con dos variables, como $x + 3 = y$ y $x + y = 5$, hay un solo valor de x y un solo valor de y que harán verdaderas a ambas ecuaciones. Los pares de ecuaciones con las mismas dos variables se llaman *sistemas de ecuaciones lineales*. Aquí hay tres ejemplos de sistemas de ecuaciones lineales:

$$x + y = 5 \text{ y } x - y = 5$$
$$2x - 3y = 7 \text{ y } 3x - 4y = 12$$
$$6x = 3y \text{ y } x + y = 3$$

En este capítulo aprenderás a resolver sistemas de ecuaciones lineales empleando tres técnicas distintas: suma o resta, substitución y representación gráfica.

SOLUCIÓN DE ECUACIONES
LINEALES POR SUMA O RESTA

Para resolver ecuaciones lineales, determina primero la relación entre el par de ecuaciones. En un sistema de ecuaciones lineales hay tres relaciones posibles.

RELACIÓN 1: En el par de ecuaciones, el coeficiente de uno de los términos x es el opuesto del coeficiente del término x en la otra ecuación. O bien, en el par de ecuaciones, el coeficiente de uno de los términos y es el opuesto del coeficiente del término y en la otra ecuación. Parece difícil de entender, pero es muy sencillo e *indoloro*. Aquí tienes un par de ecuaciones de este tipo.

$$x + 3y = 7$$
$$x - 3y = -2$$

Notarás que en este par de ecuaciones los coeficientes frente a los términos y son 3 y -3, siendo 3 y -3 términos *opuestos*. Aquí viene otro par de ecuaciones del mismo tipo.

$$-6x + 2y = 0$$
$$6x + 4y = 3$$

En este par de ecuaciones lineales, los coeficientes frente a los términos x (6 y -6) son opuestos.

Cuando encuentres un par de ecuaciones de este tipo, verás que es muy fácil resolverlas.

Basta con que sigas los pasos siguientes.

Paso 1: Suma las dos ecuaciones.

Paso 2: Resuelve la ecuación resultante.

Paso 3: Usa la respuesta del Paso 2, substituyendo con ella la otra variable en una de las ecuaciones originales y resolviéndola.

Paso 4: Verifica tu respuesta.

Observa ahora el uso de la suma para resolver el sistema de dos ecuaciones siguiente. Nota que los coeficientes frente a los términos y son opuestos.

Resolver $3x - 2y = 5$
$\qquad 3x + 2y = 13$

Paso 1: Suma las dos ecuaciones.
Mira qué pasa cuando las dos ecuaciones se suman.

$$3x - 2y = 5$$
$$\underline{3x + 2y = 13}$$
$$6x \qquad = 18$$

La respuesta es una ecuación con una variable.

Paso 2: Resuelve la ecuación resultante.

Resuelve $6x = 18$. Divide ambos lados de la ecuación por 6.

$$\frac{6x}{6} = \frac{18}{6}$$

Calcula.

$$x = 3$$

Paso 3: Usa esta respuesta para substituir x en una de las ecuaciones originales.

Substituye 3 por x en la ecuación $3x - 2y = 5$.

La nueva ecuación es $3(3) - 2y = 5$.

Multiplica $(3)(3) = 9$ y substituye $(3)(3)$ por 9.

La nueva ecuación es $9 - 2y = 5$.

Resta 9 a ambos lados de la ecuación.

$$9 - 9 - 2y = 5 - 9$$

Calcula.

$$-2y = -4$$

Ahora divide ambos lados de la ecuación por -2.

$$\frac{-2y}{-2} = \frac{-4}{-2}$$

Calcula.

$$y = 2$$

Paso 4: Verifica la respuesta.

La respuesta es $x = 3$ e $y = 2$.

Verifica esta respuesta substituyendo x e y por estos dos valores en las ecuaciones originales. Las dos ecuaciones originales eran $3x - 2y = 5$ y $3x + 2y = 13$.

Substituye $x = 3$ e $y = 2$ en $3x - 2y = 5$.

La ecuación resultante es $3(3) - 2(2) = 5$.

Primero multiplica.

$$(3)(3) = 9 \quad \text{y} \quad (2)(2) = 4.$$

Substituye estos valores en la ecuación.

$$9 - 4 = 5$$

Esta es una oración verdadera.

Substituye ahora $x = 3$ e $y = 2$ en la segunda ecuación, $3x + 2y = 13$.

La ecuación resultante es $3(3) + 2(2) = 13$.

Resuelve esta ecuación. Primero multiplica $(3)(3) = 9$ y $(2)(2) = 4$.
$$9 + 4 = 13$$
Esta es una oración verdadera.
Así, el par $x = 3$ e $y = 2$ hacen verdaderas a
$3x - 2y = 5$ y también a $3x + 2y = 13$.

Mira ahora cómo otras dos ecuaciones se resuelven mediante la suma. Nota que los coeficientes delante de la variable x son 1 y -1.

Resolver $x + 4y = 17$
$$-x - 2y = -9$$

Paso 1: Suma las dos ecuaciones.
$$\begin{array}{r} x + 4y = 17 \\ -x - 2y = -9 \\ \hline 2y = 8 \end{array}$$

Paso 2: Resuelve la ecuación resultante.
Resuelve $2y = 8$. Divide ambos lados por 2.
$$\frac{2y}{2} = \frac{8}{2}$$
$$y = 4$$

Paso 3: Substituye la variable de una de las ecuaciones originales por la respuesta del Paso 2.
Substituye $y = 4$ en la ecuación $x + 4y = 17$.
$$x + 4(4) = 17$$
Multiplica.
$$(4)(4) = 16$$
Substituye $(4)(4)$ por 16.
$$x + 16 = 17$$
Resta 16 a ambos lados de la ecuación.
$$x + 16 - 16 = 17 - 16$$
$$x = 1$$

Paso 4: Verifica la respuesta.

La respuesta es $x = 1$ e $y = 4$.

Substituye esta respuesta en las ecuaciones originales.

Las ecuaciones originales eran $x + 4y = 17$ y $-x - 2y = -9$.

Substituye $x = 1$ e $y = 4$ en $x + 4y = 17$.

$$(1) + 4(4) = 17$$

Multiplica.

$$(4)(4) = 16$$

Substituye $(4)(4)$ por 16.

$$1 + 16 = 17$$

Esta es una oración verdadera.

Substituye $x = 1$ e $y = 4$ en la otra ecuación original, $-x - 2y = -9$.

$$-(1) - 2(4) = -9$$

Multiplica $(2)(4)$.

$$(2)(4) = 8$$

Substituye.

$$-1 - 8 = -9$$

Esta también es una oración verdadera, de modo que $x = 1$ e $y = 4$ hacen verdaderas a ambas ecuaciones.

RASCACABEZAS 50

Emplea la suma para resolver los sistemas de ecuaciones siguientes.

1. $x - y = 4$

   $x + y = 8$

2. $3x + y = 0$

   $-3x + y = -6$

3. $2x + \frac{1}{4}y = -1$

   $x - \frac{1}{4}y = -2$

(Las respuestas están en la página 290).

RELACIÓN 2: A veces dos ecuaciones poseen el mismo coeficiente frente a una de las variables. A continuación puedes ver dos ejemplos de ecuaciones con los mismos coeficientes.

$$4x - y = 7$$
$$4x + 2y = 10$$

Ambos coeficientes frente a la variable x son 4.

$$3x - \frac{1}{2}y = 6$$

$$-2x - \frac{1}{2}y = -3$$

Ambos coeficientes frente a la variable y son $-\frac{1}{2}$.
Para resolver ecuaciones con el mismo coeficiente, sigue los tres *indoloros* pasos del siguiente ejemplo.

Resolver $\frac{1}{4}x + 3y = 6$

$\frac{1}{4}x + y = 4$

Paso 1: Resta una ecuación de la otra.

$$\frac{1}{4}x + 3y = 6$$

$$- \left(\frac{1}{4}x + y = 4 \right)$$

$$\overline{ 2y = 2}$$

Paso 2: Resuelve la ecuación resultante.
Resuelve $2y = 2$.
Divide ambos lados de la ecuación por 2.

$$\frac{2y}{2} = \frac{2}{2}$$

Calcula.

$$y = 1$$

Paso 3: Substituye esta respuesta en la ecuación original. Determina cuál es la otra variable.

Substituye $y = 1$ en la ecuación $\frac{1}{4}x + y = 4$.

$$\frac{1}{4}x + 1 = 4$$

Resta 1 a ambos lados de la ecuación.

$$\frac{1}{4}x + 1 - 1 = 4 - 1$$

Simplifica.

$$\frac{1}{4}x = 3$$

Multiplica ambos lados de la ecuación por 4.

$$4\left(\frac{1}{4}x \right) = 4(3)$$

Simplifica.

$$x = 12$$

Paso 4: Verifica tu respuesta.

Substituye $x = 12$ e $y = 1$ en las ecuaciones originales.

Substituye $x = 12$ e $y = 1$ en $\frac{1}{4}x + 3y = 6$ y también $\frac{1}{4}x + y = 4$.

Resuelve: $\frac{1}{4}(12) + 3(1) = 6$

$$3 + 3 \quad = 6$$
$$6 = 6$$

Resuelve: $\frac{1}{4}(12) + (6) \quad = 4$

$$3 + 1 \quad = 4$$
$$4 = 4$$

Otro ejemplo de un par de ecuaciones con el mismo coeficiente se presenta a continuación. Observa que ambas ecuaciones tienen -2 al frente de la variable y.

Resolver $4x - 2y = 4$
$$-2x - 2y = 10$$

Para resolver estas ecuaciones, sigue estos pasos:

Paso 1: Resta la segunda ecuación de la primera ecuación.

$$4x - 2y = 4$$
$$-(-2x - 2y = 10)$$
$$\overline{6x \quad\quad = -6}$$

Paso 2: Resuelve la ecuación resultante.

Resuelve $6x = -6$.

Divide ambos lados de la ecuación por 6.

$$\frac{6x}{6} = \frac{-6}{6}$$

Calcula.

$$x = -1$$

Paso 3: Substituye la variable de una de las ecuaciones originales por la respuesta del Paso 2.

Substituye $x = -1$ en $4x - 2y = 4$

$$4(-1) - 2y = 4$$

Resuelve.

$$-4 - 2y = 4$$

Resta.

$$-2y = 8$$

Divide ambos lados de la ecuación por -2.

$$\frac{-2y}{-2} = \frac{8}{-2}$$

Calcula.

$$y = -4$$

Paso 4: Verifica tu respuesta.

Substituye $x = -1$ e $y = -4$ en las ecuaciones
$4x - 2y = 4$ y $-2x - 2y = 10$.

Resuelve: $\begin{aligned} 4(-1) - 2(-4) &= 4 \\ -4 - (-8) &= 4 \\ 4 &= 4 \end{aligned}$

Resuelve: $\begin{aligned} -2(-1) - 2(-4) &= 10 \\ 2 - (-8) &= 10 \\ 10 &= 10 \end{aligned}$

RASCACABEZAS 51

Emplea la resta para resolver estos sistemas de ecuaciones.

1. $3x - 2y = 7$

   $6x - 2y = 4$

2. $\frac{1}{2}x + 2y = 3$

   $\frac{1}{2}x - 5y = 10$

3. $3x + 6y = 9$

   $2x + 6y = 8$

4. $7x - \frac{2}{3}y = 12$

   $x - \frac{2}{3}y = 0$

(Las respuestas están en la página 290).

RELACIÓN 3: A veces los coeficientes de las dos ecuaciones no están relacionados.

$$2x - 5y = 2$$
$$-5x + 3y = 4$$

La suma de ambas ecuaciones no servirá para resolverlas.

Restar la segunda ecuación de la primera tampoco ayudará a encontrar la solución.

Para resolver ecuaciones de este tipo, debes seguir seis sencillos pasos.

Paso 1: Multiplica la primera ecuación por el coeficiente frente a la x en la segunda ecuación.

Paso 2: Multiplica la segunda ecuación por el coeficiente frente a la x en la primera ecuación.

Paso 3: Suma o resta estas dos nuevas ecuaciones.

Paso 4: Resuelve la ecuación resultante.

Paso 5: Resuelve la otra variable substituyendo la respuesta del Paso 4 en la ecuación original.

Paso 6: Verifica tu respuesta.

Observa ahora cómo se resuelven estas ecuaciones.

Resolver $2x - 5y = 2$
$-5x + 3y = 4$

Paso 1: Multiplica la primera ecuación por el coeficiente frente a la x en la segunda ecuación.
Cinco negativo es el coeficiente frente a la segunda ecuación.
Multiplica la primera ecuación por -5.
$$(-5)(2x - 5y = 2)$$
$$-5(2x) - 5(-5y) = -5(2)$$
$$-10x + 25y = -10$$

Paso 2: Multiplica la segunda ecuación por el coeficiente frente a la x en la primera ecuación.
Dos es el coeficiente frente a la primera ecuación.
Multiplica la segunda ecuación por 2.
$$(2)(-5x + 3y = 4)$$
$$2(-5x) + 2(3y) = 2(4)$$
$$-10x + 6y = 8$$

Paso 3: Suma o resta estas dos nuevas ecuaciones.
Resta estas dos nuevas ecuaciones.
$$-10x + 25y = -10$$
$$-10x + 6y = 8$$
$$\overline{}$$
$$19y = -18$$

Paso 4: Resuelve la ecuación resultante.
$$19y = -18$$
Divide ambos lados de la ecuación por 19.
$$\frac{19y}{19} = \frac{-18}{19}$$

$$y = \frac{-18}{19}$$

Paso 5: Resuelve la otra variable substituyendo la respuesta del Paso 4 en la ecuación original.

$$2x - 5\left(\frac{-18}{19}\right) = 2$$

Multiplica

$$2x + \frac{90}{19} = 2$$

Resta.

$$2x = 2 - \frac{90}{19}$$

$$2x = \frac{38}{19} - \frac{90}{19}$$

$$2x = \frac{-52}{19}$$

Divide ambos lados por 2.

$$\frac{2x}{2} = \left(\frac{-52}{19}\right) \div 2$$

$$x = \frac{-26}{19}$$

Paso 6: Verifica tu respuesta.

$$x = \frac{-26}{19} \text{ e } y = \frac{-18}{19}$$

Verifica estas respuestas substituyéndolas en las ecuaciones originales.

He aquí otra solución de un sistema de dos ecuaciones.

Resolver $3x - 2y = 9$
$-x + 3y = 4$

Sumar estas dos ecuaciones no ayudará a resolverlas. Restar estas dos ecuaciones tampoco dará buen resultado. Debes usar el procedimiento de seis pasos para resolver ecuaciones que no están relacionadas.

Paso 1: Multiplica la primera ecuación por el coeficiente frente a la x en la segunda ecuación.
Uno negativo es el coeficiente frente a la x en la segunda ecuación. Multiplica la primera ecuación por uno negativo.
$(-1)(3x - 2y = 9)$ es $-3x + 2y = -9$.

Paso 2: Multiplica la segunda ecuación por el coeficiente frente a la x de la primera ecuación.
Tres es el coeficiente frente a la primera ecuación.
Multiplica la segunda ecuación por tres.
$(3)(-x + 3y = 4)$ es $-3x + 9y = 12$.

Paso 3: Suma o resta estas nuevas ecuaciones.
Resta estas dos nuevas ecuaciones.

$$-3x + 2y = -9$$
$$\underline{-3x + 9y = 12}$$
$$-7y = -21$$

Paso 4: Resuelve la ecuación resultante.
Si $-7y = -21$, $y = 3$.

Paso 5: Resuelve x substituyendo la respuesta del Paso 4 en la ecuación original.
Substituye y por 3 en la ecuación $3x - 2y = 9$.
$$3x - 2(3) = 9$$
Multiplica.
$$3x - 6 = 9$$
Resuelve.
$$3x = 15$$
$$x = 5$$

Paso 6: Verifica. Substituye los valores de x e y en una de las ecuaciones originales. Si el resultado es una oración verdadera, la ecuación está correcta.
Verifica esta solución por tu cuenta.

RASCACABEZAS 52

Multiplica la primera ecuación por el coeficiente del término x de la segunda ecuación. Multiplica la segunda ecuación por el coeficiente del término x de la primera ecuación. Luego, resuelve estas ecuaciones mediante suma o resta.

1. $3x + 2y = 12$

   $x - y = 10$

2. $2x - y = 3$

   $-4x + y = 6$

3. $-5x + y = 8$

   $-2x + 2y = 4$

4. $\frac{1}{2}x - 2y = 6$

   $4x + 2y = 12$

(Las respuestas están en la página 290.)

SOLUCIÓN DE ECUACIONES LINEALES POR SUBSTITUCIÓN

¡Cinco pasos indoloros hacia la meta!

Otra manera de resolver un sistema de ecuaciones lineales es la substitución. ¿Cómo debe usarse la substitución para solucionar dos ecuaciones con dos variables? Sigue estos *indoloros* pasos.

Paso 1: Encuentra el valor de x en una de las ecuaciones. La respuesta contendrá el término y.

Paso 2: Substituye este valor de x en la otra ecuación. Habrá ahora una ecuación con una variable.

Paso 3: Encuentra el valor de y.

Paso 4: Substituye el valor de y en una de las ecuaciones originales para encontrar el valor de x.

Paso 5: Verifica. Substituye los valores de x e y en ambas ecuaciones originales. Si cada resultado es una oración verdadera, la solución está correcta.

Observa cómo esta sistema de dos ecuaciones lineales se resuelve mediante substitución.

Resolver $x - y = 3$
$$2x + y = 12$$

Paso 1: Encuentra el valor de x en una de las ecuaciones. La respuesta contendrá el término y.
Encuentra el valor de x en la ecuación $x - y = 3$.
Añade y a ambos lados de la ecuación.
$$x - y + y = 3 + y$$
Simplifica.
$$x = 3 + y$$

Paso 2: Substituye este valor de x en la otra ecuación. Ahora queda una ecuación con una variable.
Substituye $(3 + y)$ en $2x + y = 12$ dondequiera haya una x.
$$2(3 + y) + y = 12$$

Paso 3: Encuentra el valor de y.
Usa el orden de las operaciones para simplificar la ecuación.

$$6 + 2y + y = 12$$

Simplifica.

$$6 + 3y = 12$$

Resta 6 a ambos lados de la ecuación.

$$6 + 3y - 6 = 12 - 6$$

Simplifica.

$$3y = 6$$

Divide ambos lados de la ecuación por 3.

$$\frac{3y}{3} = \frac{6}{3}$$

Simplifica.

$$y = 2$$

Paso 4: Substituye el valor de y en una de las ecuaciones originales para encontrar el valor de x.
Substituye $y = 2$ en la ecuación $x - y = 3$.

$$x - 2 = 3$$

Encuentra el valor de x. Suma 2 a ambos lados de la ecuación.

$$x - 2 + 2 = 3 + 2$$

Simplifica.

$$x = 5$$

Paso 5: Verifica. Substituye los valores de x e y en las ecuaciones originales. Si cada resultado es una oración verdadera, la solución está correcta.
Substituye $x = 5$ e $y = 2$ en $2x + y = 12$ para verificar la respuesta.

$$2(5) + 2 = 12$$

Calcula el valor de esta expresión.

$$10 + 2 = 12$$
$$12 = 12$$

Esta es una oración verdadera. También puedes verificar que los valores $x = 5$ e $y = 2$ hacen verdadera la ecuación $x - y = 3$. La solución $x = 5$ e $y = 2$ está correcta.

Mira cómo otro par de ecuaciones lineales se resuelve mediante substitución.

Resolver $x + 3y = 6$
$x - 3y = 0$

Paso 1: Encuentra el valor de x en una de las ecuaciones. La respuesta contendrá el término y.
Encuentra el valor de x en la ecuación $x - 3y = 0$.
Suma $3y$ a ambos lados de la ecuación.
$$x - 3y + 3y = 0 + 3y$$
Simplifica.
$$x = 3y$$

Paso 2: Substituye este valor de x en la otra ecuación.
Substituye $x = 3y$ en la ecuación $x + 3y = 6$.
$$3y + 3y = 6$$
Ahora queda una ecuación con una variable.

Paso 3: Encuentra el valor de y en la ecuación $3y + 3y = 6$.
Simplifica.
$$3y + 3y = 6$$
Combina los términos iguales.
$$6y = 6$$
Divide ambos lados de la ecuación por 6.
$$\frac{6y}{6} = \frac{6}{6}$$
Simplifica.
$$y = 1$$

Paso 4: Substituye el valor de y en una de las ecuaciones originales para encontrar el valor de x.
Substituye $y = 1$ en la ecuación $x + 3y = 6$.
$$x + 3(1) = 6$$
Encuentra ahora el valor de x.
$$x + 3 = 6$$
Resta 3 a ambos lados de la ecuación.
$$x + 3 - 3 = 6 - 3$$
Simplifica.
$$x = 3$$

Paso 5: Verifica. Substituye los valores de x e y en ambas ecuaciones originales. Si cada resultado es una oración verdadera, la solución está correcta.

$$x = 3 \text{ e } y = 1$$

Substituye estos números en la ecuación $x - 3y = 0$.

$$3 - 3(1) = 0$$
$$3 - 3 \quad = 0$$

Esta es una oración verdadera. También puedes verificar que los valores $x = 3$ e $y = 1$ hacen verdadera la ecuación $x + 3y = 6$.

La solución $x = 3$ e $y = 1$ está correcta.

RASCACABEZAS 53

Emplea la substitución para resolver los sistemas de ecuaciones siguientes.

1. $x + y = 7$

   $x - y = 1$

2. $2x + 5y = 7$

   $x + y = 2$

3. $2x + y = 0$

   $x + y = -2$

4. $2x + y = 3$

   $4x + 3y = 8$

(Las respuestas están en la página 290).

SOLUCIÓN DE ECUACIONES LINEALES POR GRÁFICOS

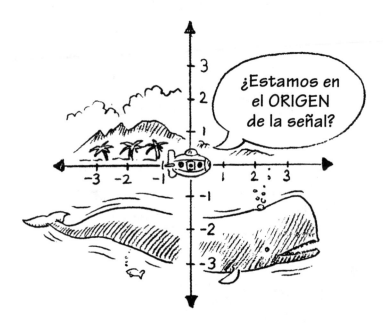

El empleo de gráficos es el tercer modo de resolver un par de ecuaciones lineales. Lo primero que debes hacer es aprender a determinar puntos y a graficar una línea.

Imagínate dos líneas numéricas que se intersectan. Una de estas líneas es horizontal y la otra es vertical. La línea horizontal se llama eje-x, mientras que la línea vertical se llama eje-y. El punto en que las líneas se intersectan se llama *origen*. El origen es el punto (0, 0). Cada una de estas líneas numéricas tiene números a su largo.

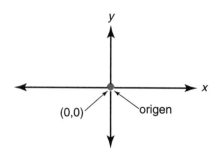

Mira al eje-x. Es igual a una línea numérica. Los números a la derecha del origen son positivos. Los números a la izquierda del origen son negativos.

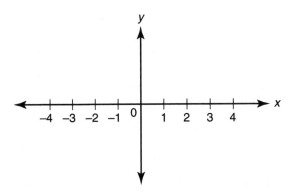

Mira el eje-y. Se parece a una línea numérica que va de arriba abajo. Los números encima del origen son positivos. Los números debajo del origen son negativos.

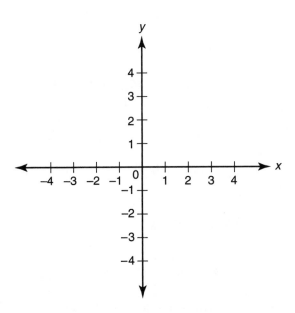

Cómo determinar puntos

En este sistema de ejes coordenados, tú puedes determinar los puntos.

Los puntos a determinar se escriben en forma de dos números, por ejemplo (3, 2). El primer número es el valor x. El segundo número es el valor y. El primer número te dice a qué distancia hacia la derecha o hacia la izquierda del origen se encuentra el punto. El segundo número te dice a qué distancia encima o debajo del origen se encuentra el punto.

Para determinar un punto, *sin que nada te duela*, sigue estos cuatro pasos.

Paso 1: Pon tu lápiz en el origen.

Paso 2: Comienza con el término x. Es el primer término dentro del paréntesis.

Mueve tu lápiz x espacios a la izquierda si el término x es negativo.
Mueve tu lápiz x espacios a la derecha si el término x es positivo.
Mantén tu lápiz en este punto.

Paso 3: Mira al término y. Es el segundo término dentro del paréntesis.

Mueve tu lápiz y espacios hacia abajo si el término y es negativo.
Mueve tu lápiz y espacios hacia arriba si el término y es positivo.

Paso 4: Marca este punto.

Determinar (4, 2).
Para determinar el punto (4, 2) en el gráfico, pon tu lápiz en el origen.
Mueve tu lápiz cuatro espacios a la derecha.
Mueve tu lápiz dos espacios hacia arriba.
Marca este punto. Este es el punto (4, 2).

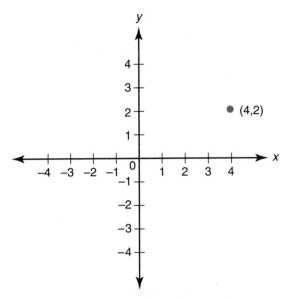

Determinar $(-3, -1)$.

Para determinar el punto $(-3, -1)$ en el gráfico, pon tu lápiz en el origen.

Mueve tu lápiz tres espacios hacia la izquierda.

Mueve tu lápiz un espacio hacia abajo.

Marca este punto. Este es el punto $(-3, -1)$.

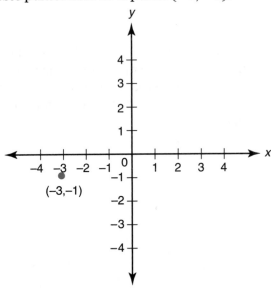

Determinar $(-2, 0)$.

Dos negativo es el valor x y cero es el valor y.

Para determinar este punto en el gráfico, pon tu lápiz en el origen.

Mueve tu lápiz dos espacios hacia la izquierda.

No muevas tu lápiz ni hacia arriba ni hacia abajo, puesto que el valor de y es 0.

El punto $(-2, 0)$ está exactamente sobre el eje-x.

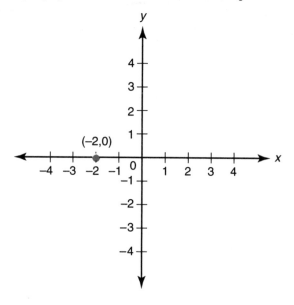

Determinar $(0, 3)$.

Cero es el valor x y tres es el valor y. Comienza en el origen. Como el valor x es cero, no muevas el lápiz ni a la izquierda ni a la derecha. Como tres es el valor y, mueve tu lápiz tres espacios hacia arriba. El punto $(0, 3)$ se encuentra directamente sobre el eje-y.

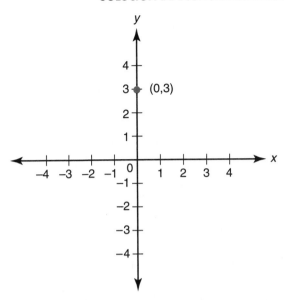

RASCACABEZAS 54

Determina los siguientes puntos en el gráfico.

1. $(1, 4)$ 5. $(0, 3)$

2. $(3, -1)$ 6. $(4, 0)$

3. $(-2, 6)$ 7. $(0, 0)$

4. $(-4, -2)$

(Las respuestas están en la página 291).

Cómo determinar líneas

Ahora que sabes cómo determinar puntos, puedes representar en gráfico una ecuación lineal. El gráfico de una ecuación lineal es una línea recta. Para ponerla en gráfico debes encontrar tres puntos que hagan verdadera una ecuación. Conecta estos tres puntos mediante una línea recta.

Para poner en gráfico una ecuación lineal, sigue estos tres pasos *indoloros*.

Paso 1: Determina el valor de y en la ecuación.

Paso 2: Encuentra tres puntos que hagan verdadera la ecuación.

Paso 3: Pon los tres puntos en el gráfico.

Paso 4: Conecta los tres puntos mediante una línea recta. Asegúrate de poner puntas de flecha a ambos lados de la línea para indicar que ésta continúa para siempre.

Pon en gráfico $x - y + 1 = 0$.
Para poner en gráfico la ecuación $x - y + 1 = 0$, sigue los cuatro pasos recién vistos.

Paso 1: Determina el valor de y en la ecuación.
$$x - y + 1 = 0$$
Suma y a ambos lados de la ecuación.
$$x - y + 1 + y = 0 + y$$
Combina los términos iguales para simplificar.
$$x + 1 = y$$

Paso 2: Encuentra tres puntos que hagan verdadera la ecuación. Escoge un número para x y determina el valor correspondiente de y.

Si $x = 0$, $y = 1$. El punto $(0, 1)$ hace verdadera la ecuación $y = x + 1$.
Si $x = 1$, $y = 2$. El punto $(1, 2)$ también hace verdadera esta ecuacón.
Si $x = 2$, $y = 3$. El punto $(2, 3)$ también hace verdadera esta ecuacón.

Paso 3: Pon los tres puntos en el gráfico.
Pon $(0, 1)$, $(1, 2)$, y $(2, 3)$ en el gráfico.

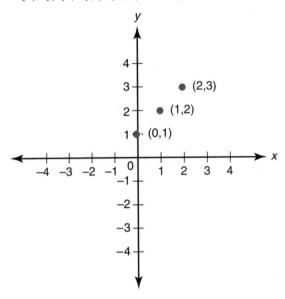

Paso 4: Conecta y extiende los tres puntos para hacer una línea recta.
Este es el gráfico de la ecuación $x - y + 1 = 0$.

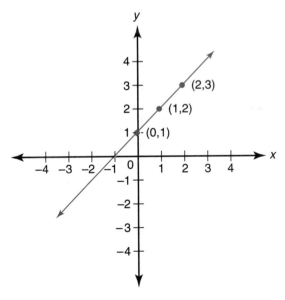

Pon en gráfico $2x + y = 4$.

Para poner en gráfico la ecuación $2x + y = 4$, sigue los cuatro pasos que ya conoces.

Paso 1: Encuentra el valor de y.

Resta $2x$ a ambos lados de la ecuación.

$$2x - 2x + y = 4 - 2x$$

Simplifica.

$$y = 4 - 2x$$

Paso 2: Encuentra tres puntos que hagan verdadera la ecuación.

Si $x = 0$, $y = 4$. El punto $(0, 4)$ hace verdadera la ecuación $y = 4 - 2x$.

Si $x = 1$, $y = 2$. El punto $(1, 2)$ hace verdadera la ecuación $y = 4 - 2x$.

Si $x = 2$, $y = 0$. El punto $(2, 0)$ hace verdadera la ecuación $y = 4 - 2x$.

Paso 3: Pon los tres puntos en el gráfico.

Pon $(0, 4)$, $(1, 2)$ y $(2, 0)$ en el gráfico.

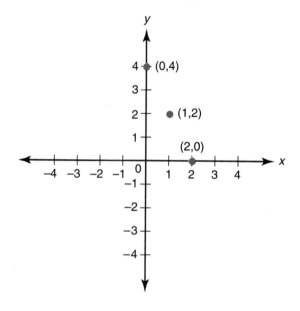

Paso 4: Conecta y extiende los tres puntos haciendo una línea recta.

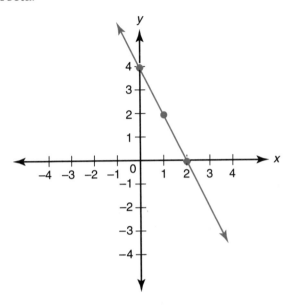

¡Qué bien! Haz puesto en gráfico la ecuación $2x + y = 4$.

Pon en gráfico $x - y = 0$.
Para poner en gráfico la ecuación lineal $x - y = 0$, sigamos los cuatro pasos.

Paso 1: Determina el valor de y en la ecuación $x - y = 0$.
        Suma y a ambos lados de la ecuación.
$$x - y + y = 0 + y$$
        Simplifica combinando los términos iguales.
$$x = y$$

Paso 2: Encuentra tres puntos que hagan verdadera la ecuación.

    Si $x = 0$, $y = 0$. El punto $(0, 0)$ hace verdadera la ecuación
    $x - y = 0$.
    Si $x = 1$, $y = 1$. El punto $(1, 1)$ hace verdadera esta ecuación.
    Si $x = 4$, $y = 4$. El punto $(4, 4)$ hace verdadera esta ecuación.

Paso 3: Pon los tres puntos en el gráfico.

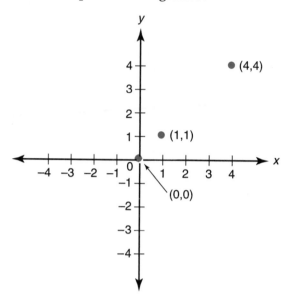

Paso 4: Conecta y extiende los tres puntos hasta hacer una línea recta.

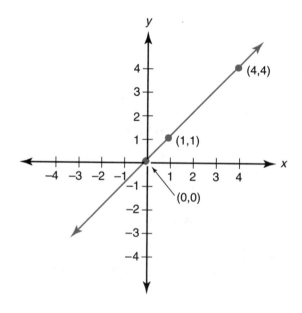

Así luce en gráfico la ecuación $x - y = 0$.

Cómo resolver un sistema de ecuaciones lineales mediante gráficos

Para resolver un sistema de ecuaciones lineales mediante gráficos, sigue estos cuatro pasos.

Paso 1: Pon en gráfico la primera ecuación.

Paso 2: Pon en gráfico la segunda ecuación en el mismo par de ejes.

Paso 3: Encuentra la solución, la cual es el punto en que las dos línes se intersectan.

Paso 4: Verifica la respuesta. Substituye el punto de intersección en cada una de las dos ecuaciones originales. Si cada ecuación es verdadera, la respuesta está correcta.

Mira cómo se usa la representación gráfica para resolver un sistema de dos ecuaciones lineales.

Resolver $2x + y = 1$ **y** $x - y = -1$.

Paso 1: Pon en gráfico la primera ecuación, $2x + y = 1$.
Determina el valor de y.
Resta $2x$ a ambos lados de la ecuación.
$$2x - 2x + y = 1 - 2x$$
Simplifica.
$$y = 1 - 2x$$

Ahora encuentra tres puntos substituyendo x por 0, 1 y 2.

Si $x = 0$, $y = 1$.
Si $x = 1$, $y = -1$.
Si $x = 2$, $y = -3$.

Ahora pon en gráfico estos tres puntos. Conéctalos y extiéndelos.

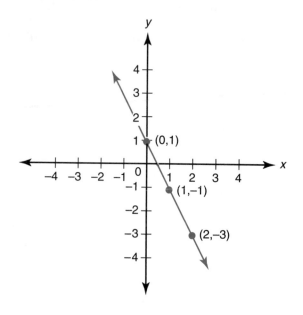

Paso 2: Pon en gráfico la segunda ecuación, $y - 1 = x$, en los mismos ejes.

Determina el valor de y en la ecuación $y - 1 = x$.
Suma 1 a ambos lados de la ecuación.

$$y - 1 + 1 = x + 1$$

Simplifica.

$$y = x + 1$$

Encuentra ahora tres puntos que hagan verdadera la ecuación $y = x + 1$.

Si $x = 0$, $y = 1$.
Si $x = 1$, $y = 2$.
Si $x = 2$, $y = 3$.

Pon estos puntos y conéctalos en el mismo gráfico que contiene la primera ecuación.

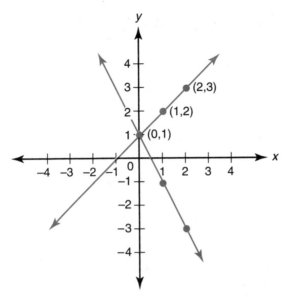

Paso 3: La solución es el punto en que intersectan las dos líneas.
Estas líneas intersectan en el punto $(0, 1)$.

Paso 4: Verifica la respuesta. Substituye el punto de intersección en cada una de las ecuaciones originales. Si ambas oraciones son verdaderas, la respuesta estará correcta.
Substituye el punto $(0, 1)$ en la ecuación $2x + y = 1$.
Substituye x por 0 e y por 1.
$$2(0) + 1 = 1$$
Calcula.
$$1 = 1$$
Substituye el punto $(0, 1)$ en la ecuación $x - y = -1$.
Substituye x por 0 e y por 1.
$$0 - 1 = -1$$
Calcula.
$$-1 = -1$$
Ambas oraciones son verdaderas.
La solución está correcta.

PROBLEMAS VERBALES

Ahora observa cómo se pueden emplear los sistemas de ecuaciones para resolver problemas verbales.

PROBLEMA 1: Cristina y Marta ganaron $8 juntas.
  Cristina ganó $2 más que Marta.
  ¿Cuánto dinero ganó cada una?

Para resolver este problema verbal, transfórmalo en dos ecuaciones.
Escoge dos letras para representar a Cristina y Marta.
C representará a Cristina y M representará a Marta.
Cambia cada frase en una ecuación.
Cristina y Marta ganaron $8 juntas.
$C + M = 8$
Cristina ganó $2 más que Marta.
$C - M = 2$

Emplea la suma para resolver estas ecuaciones.
$$\begin{aligned} C + M &= 8 \\ C - M &= 2 \\ \hline 2C &= 10 \end{aligned}$$

Divide ambos lados de la ecuación $2C = 10$ por 2.
$$\frac{2C}{2} = \frac{10}{2}$$
Calcula.
$C = 5$

Resuelve M substituyendo 5 en la ecuación original,
$C + M = 8$.
$5 + M = 8$
Resta 5 a ambos lados de la ecuación.
$5 + M - 5 = 8 - 5$
Simplifica.
$M = 3$
Las respuestas son $C = 5$ y $M = 3$.

Para verificar estas respuestas, substituye estos números en la otra ecuación.
Substituye $C = 5$ y $M = 3$ en la ecuación $C - M = 2$.
$5 - 3 = 2$
Esta es una oración verdadera.
Cristina ganó $5 y Marta ganó $3.

Problema 2: Jorge es dos veces mayor que Santiago.
Entre los dos han vivido 18 años.
¿Cuáles son las edades de Jorge y Santiago?

Para resolver este problema verbal, transfórmalo en dos ecuaciones.
Elige dos letras para representar a Jorge y Santiago.
J representará a Jorge y S representará a Santiago.
Cambia cada frase en una ecuación.

Jorge es dos veces mayor que Santiago.

$J = 2S$

Entre los dos han vivido 18 años.

$J + S = 18$

Mira cómo estas ecuaciones se resuelven mediante substitución.

$J = 2S$

$J + S = 18$

Substituye J por $2S$ en la ecuación $J + S = 18$.

$2S + S = 18$

Simplifica.

$3S = 18$

Divide ambos lados por 3.

$\frac{3S}{3} = \frac{18}{3}$

Simplifica.

$S = 6$

Determina el valor de J substituyendo S por 6 en la ecuación original, $J = 2S$.

$J = 2(6)$

Multiplica.

$J = 12$

Substituye 6 por S y 12 por J en la otra ecuación original, $J + S = 18$.

$6 + 12 = 18$

Simplifica.

$18 = 18$

Las respuestas están correctas.

Santiago tiene 6 años y Jorge tiene 12.

SUPERRASCABEZAS

Emplea la suma para resolver los sistemas de ecuaciones siguientes.

1. $x + y = 12$

   $2x - y = 0$

2. $-2x + 5y = 1$

   $x - 2y = 4$

Emplea la substitución para resolver los sistemas de ecuaciones siguientes.

3. $3x - y = 4$

   $-2x + y = 1$

4. $x + y = 7$

   $3x - 2y = 4$

(Las respuestas están en la página 291).

RASCACABEZAS— RESPUESTAS

Rascacabezas 50, página 258

1. $x = 6;\ y = 2$

2. $x = 1;\ y = -3$

3. $x = -1;\ y = 4$

Rascacabezas 51, página 262

1. $x = -1;\ y = -5$

2. $x = 10;\ y = -1$

3. $x = 1;\ y = 1$

4. $x = 2;\ y = 3$

Rascacabezas 52, página 267

1. $x = 6\frac{2}{5},\ y = -\frac{18}{5}$

2. $x = -\frac{9}{2},\ y = -12$

3. $x = -\frac{3}{2},\ y = \frac{1}{2}$

4. $x = 4,\ y = -2$

Rascacabezas 53, página 271

1. $y = 3;\ x = 4$

2. $x = 1;\ y = 1$

3. $x = 2$; $y = -4$

4. $x = \frac{1}{2}$; $y = 2$

Rascacabezas 54, página 277

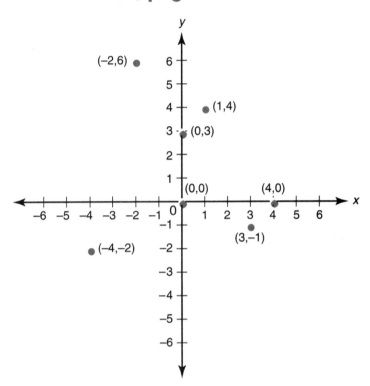

Superrascacabezas, página 289

1. $x = 4$; $y = 8$

2. $x = 22$; $y = 9$

3. $x = 5$; $y = 11$

4. $x = \frac{18}{5}$; $y = \frac{17}{5}$

ÍNDICE

variable
ecuación
desigualdad
expresión
oración
frase
monomio, binomio, trinomio, polinomio
menor que, menor que, igual a
mas menos
la suma, la resta
multiplicado por, por, dividido por
terminos semejantes
indefinido
orden de las operaciones
parentesis, exponente
al cuadrado
~~con mu~~
conmutativa, asosiativa, distributividad
naturales, enteros, relativos, racionales,
   irracionales, reales
grafico
Simplifica
Combina
Verifica